Anna Gelbert
Schreiben, was ist.

Schreiben, was ist.

Bessere Texte fürs Business

von

Anna Gelbert

Verlag Franz Vahlen München

Anna Gelbert ist TV-Producerin und Autorin. Sie bringt als Dozentin Nachwuchsjournalisten bei, wie man richtig gut schreibt. Außerdem spricht sie auf Blogger-Events über – was wohl? – das Texten. Daneben beweist sie auf ihrem Kolumnen-Blog www.annagelbert.com und auf Social Media: Nicht nur Fotos sind eine harte Währung, sondern auch Sprache.

Bildnachweis:
Tanja Reiners: Fotohaus Sänger
Svenja Walter: Anette Göttlicher
Uwe Walter: Svenja Walter
Lars Behrendt: Granny&Smith
Christine Olderdissen: Katrin Dinkel
Monika Scheddin: Caroline Floritz
Martin Hagen: FDP-Fraktion Bayern

ISBN Print: 978 3 8006 6973 8
ISBN eBook (ePDF): 978 3 8006 6974 5

© 2023 Verlag Franz Vahlen GmbH
Wilhelmstr. 9, 80801 München
Satz: Fotosatz Buck
Zweikirchener Str. 7, 84036 Kumhausen
Druck und Bindung: Beltz Grafische Betriebe GmbH
Am Fliegerhorst 8, 99947 Bad Langensalza
Umschlaggestaltung: Ralph Zimmermann – Bureau Parapluie

vahlen.de/nachhaltig

Gedruckt auf säurefreiem, alterungsbeständigem Papier
(hergestellt aus chlorfrei gebleichtem Zellstoff)

Für meine Kinder.

Inhalt

Intro 9
   Dieses Buch 11
   Der Elevator Pitch 13

1 Unternehmen und Sprache 16
   Was ist eigentlich gute Unternehmenskommunikation? 17
   Wo kommt sie her, die Unternehmenskommunikation? 18

2 Formate der Unternehmenskommunikation 22
   Intern vor extern 22
   Intranet 23
   Newsletter und Videobotschaft 23
   Umfragen 24
   Blog, Webcast und Podcast 24
   E-Mails 25
   Apps 26
   Unternehmenswebsite und Social Media 27
   Kundenmagazin 36
   Pressetexte, CSR und One-Voice-Policy 36
   Pressemitteilungen 38
   Personalien-Meldungen 41
   Stellenanzeigen 44
   Inklusive Sprache in Stellenanzeigen 48
   Interview mit der Kommunikationsexpertin und Podcasterin
   Tanja Reiners 50

3 Techniken der Unternehmenskommunikation . . . 60
   Storytelling 60
   Interview mit den Storytelling-Experten Svenja und Uwe
   Walter 65
   Die Headline 71
   Usergerechtes Schreiben auf Social Media 72

Business Bullshit 75
Das ABC des Business-Bullshit 79
Interview mit dem Agenturgründer und Speaker
Lars Behrendt 84
Sprach-Vorbild Speaker-Szene 90
Gendern ohne Krampf 95
Gendern auf dem Arbeitsmarkt 102
Interview mit Christine Olderdissen, Autorin des Buches
Genderleicht 108
Mann, Frau, alle 116
Wie Frauen schreiben und sprechen 116
Interview mit Business Coach und Autorin Monika Scheddin 120
Die Mutti-Falle 132

4 Ausflug in andere Sprachkatastrophen – und, was die Unternehmenskommunikation daraus lernen kann 135

Die Pandemie: Krisenkommunikation 135
Politik-Sprache – Zeit für Klartext 140
Interview mit Martin Hagen, Fraktionsvorsitzender der FDP
im Bayerischen Landtag 143
Promi-Berichterstattung – schlechtes Vorbild für Millionen . 147
Mieses Deutsch fürs Leben – Schulbücher 148
Betr.: Behördendeutsch 153

Zum Schluss 165

Literatur/Quellen 166

Intro

==Schwere Zeiten brauchen klare Sprache!==

Seit Beginn der Pandemie tragen die Deutschen laut der Wochenzeitung Die Zeit viel weniger Anzug. Der Trend geht zum legeren Netflix-Look, zu Wohn-Pullis und bequemen Couch-Joggern. Schuld daran ist die Verlagerung vieler Bürojobs ins Zuhause. Selbst im Jahr 2023 arbeiten die meisten von uns trotz umfangreicher Rückkehr-Programme immer noch meist von daheim. Und dort gilt: Warum schick anziehen, wenn ein ordentliches T-Shirt für die drei Calls reicht? Wir sind alle unaufgeregter geworden, reduzierter. Aber wir schreiben immer noch so, als säßen wir im Anzug im Vorstandsmeeting. Unsere Ausdrucksweise hat sich dieser neuen lässigen Schlichtheit nicht angepasst:

Wir geben optisch jetzt die Lässigen und hauen doch Mails raus, die wie eine Steuererklärung klingen. Die Krise haben wir nicht als Chance zum sprachlichen Neuanfang genutzt. Stattdessen ist unser Alltag voll von unverständlichen Behördenbriefen, Newslettern voller Floskeln und schlecht formulierten Posts. Und das ausgerechnet in einer Zeit, in der die meisten Unternehmen sich für zu erwartende Krisenjahre aufstellen müssen.

Da muss betriebswirtschaftlich viel passieren, sprachlich aber auch. Gute Kommunikation wird in den nächsten Jahren wichtiger denn je.

==Wer gut managt *und* gut kommuniziert, kann gestärkt aus der Krise hervorgehen.==

Der Zeitpunkt, Unternehmenskommunikation neu aufzustellen, ist günstig: Wir leben nicht mehr in einer übersättigten Alles-kann-so-bleiben-Ära. *Läuft*, sagten wir lange. Jetzt läuft vieles nicht mehr. Es knirscht und knarzt in unserem Land, und vielleicht ist das genau die Chance, Dinge zu verändern.

Denn unsere Wirtschaft und unsere Gesellschaft – und damit auch unsere Sprache – erleben gerade ein Erdbeben. Gendern, Diversity – alle Deutschen kennen jetzt diese Begriffe, die gerade aus der sozialen Rand-Nische herauskommen. Alle sind gezwungen, sich damit auseinanderzusetzen. Alle haben dazu eine Meinung. Egal, ob wir dem Ganzen ablehnend oder wohlwollend gegenüberstehen: Mit unserer Sprache passiert etwas, und das sollten wir zum Anlass nehmen, um gründlich aufzuräumen.

Substantivkonstruktionen, Floskeln und Nebensatzmonster können weg aus der Unternehmenskommunikation. Sie misten hin und wieder Ihren Kleiderschrank aus? Fein. Dann machen wir das jetzt auch mit Ihrer Sprache.

Der Vergleich hinkt? Da geht's schon los. Schon mal einen hinkenden Vergleich gesehen? Eben. Ich auch nicht. Hier setzt dieses Buch an. Sprache muss klar sein, aufgeräumt. Raus mit Floskeln und Sätzen, die niemand kapiert! Raus mit Formulierungen nach dem Motto „das haben wir immer so gemacht"!

Irgendetwas an unserer Art zu schreiben, ist furchtbar festgeklemmt. Vor allem in den letzten drei Jahren klingen immer mehr Menschen so, als seien sie Epidemiologen, Kriegsstrategen oder Marketingmanager. Nur: Wen soll das beeindrucken, wenn es kaum jemand versteht?

Gerade jetzt in der Krise können wir unsere Kommunikation auf neue Füße stellen. Und das geht wie beim Aufräumen daheim mit einer guten neuen Grundordnung. Der erste Schritt: Radikal ausmisten!

Entrümpeln wir unsere Sprache nach dem Vorbild von Marie Kondo:

Ich liebe die Bücher der japanischen Aufräumqueen. Sie schreibt in ihrem Kracher *Magic Cleaning* (über 1 Million verkaufte Exemplare!), dass nur noch Dinge im Haushalt wohnen dürfen, die uns wirklich glücklich machen oder einen Zweck erfüllen. Alles andere kann weg.

Und wirklich: Richtiges Ausmisten kann das ganze Leben verändern:

Wer einmal eine Grundordnung in seiner Wohnung – und seiner Sprache – hat, müllt sich nie wieder zu und kauft weniger Neues (von diesem Punkt nehme ich mich ausdrücklich aus…).

Was Privathaushalte schaffen, schaffen auch Unternehmen. Einen Reset und eine gute, neue Ordnung. Die Zeiten sind wirr, umso klarer sollte unsere Sprache sein.

Dieses Buch

Förmliche Sprache lähmt. So einfach, so wahr. Wer Substantiv-Wüsten, Nebensatz-Dschungel und Gender-Minenfelder durchkämmt, gerät in Stress. Und Unternehmen wollen Menschen, die kaufen – nicht welche, die sich genervt abwenden. Dieses Buch soll dabei helfen, bessere Texte fürs Business zu schreiben.

Auf der Suche nach einem **Titel** wurden der Verlag und ich schnell fündig: *Schreiben, was ist*. Denn nichts Anderes sollten Unternehmen sowie Medien, Schulbücher und Behörden tun.

Eigentlich geht der Spruch auf Ferdinand Lassalle 1862 zurück. Der Revolutionär forderte „das laut zu sagen, was ist". 1906 zitierte die Sozialistin Rosa Luxemburg ihn mit den Worten: „Zu sagen, was ist, bleibt die revolutionärste Tat." Und 1989, nach der friedlichen Revolution in der DDR, bemühte SPIEGEL-Herausgeber Rudolf Augstein den Satz in der Überschrift seines Artikels vom 19.11.1989.

Im Lektorat herrschte große Übereinstimmung: Das ist es! Je länger die globale Krise andauert, desto richtiger erscheint in unserer täglichen Informationsflut der Aufruf. Wieso sagen denn nicht alle, was ist? Wieso schreiben sie es nicht? Wieso verstehen immer mehr Menschen immer mehr Bahnhof? Unser Sprachstil – vor allem im öffentlichen Bereich – scheint über die Jahrzehnte zubetoniert worden zu sein. Was einmal okay war, muss für immer so bleiben. Muss es?

Erst das Gendern, die Nachfrage nach mehr Diversität in Texten, hat uns allen einen Weckruf verpasst. Wir müssen uns plötzlich Gedanken darüber machen, wen oder was wir *wie* beschreiben. Das Thema ist in den letzten Jahren extrem wichtig geworden. Daher widme ich ihm auch ein großes Kapitel. Besonders freue ich mich über das Interview mit einer Koryphäe auf diesem Gebiet: Christine Olderdissen, die mit ihrem Buch *Genderleicht* einen echten Erfolg gelandet hat.

Wie halte *ich* es in diesem Buch mit dem Gendern? Mal mache ich es, dann wieder nicht. Zum Glück bin ich keine Behörde und keine Pressestelle. Ich muss keinem in Stein gemeißelten Konzept folgen. Ich probiere es einfach aus: Mal nutze ich das Sternchen – dem Lesefluss zuliebe aber möglichst selten. Oft greife ich auf neutrale Begriffe zurück. Manchmal schreibe ich *Reisende* und manchmal *Schülerinnen und Schüler*. Manchmal lasse ich das generische Maskulinum stehen, manchmal nur das weibliche.

Und das ist schon das ganze Geheimnis: Ein Bewusstsein für Sprache entwickeln, ein bisschen rumprobieren, Neues wagen. Menschen wie Harald Schmidt, der mal in einem Interview sagt, gegenderte Texte lese er nicht zu Ende, werden das Buch vermutlich nicht kaufen. Genauso wenig wie militante Sprach-Umerzieher, die sofort empört aufschreien, wenn in einem Satz nicht alle Geschlechter angemessen erwähnt sind.

Dazu zähle ich mich nicht. Militanz hat in der Sprache nichts verloren. Stattdessen lade ich Sie herzlich ein, sich ohne Abwehrhaltung einfach mal in das neue Sprach-Bällebad zu stürzen, das da jetzt entstanden ist. Sprache wird sich verändern. Unsere Texte werden sich verändern. Und das können wir als Gesellschaft nutzen, um so weit mitzugehen, wie es sich richtig anfühlt.

Im Zuge der Genderdebatte ist auch ein altes Thema wieder in den Fokus geraten, bei dem alle nur genervt abgewunken haben: Wie sprechen Frauen im Business – und wie wird über *sie* gesprochen, vor allem, wenn sie Mütter werden? Im Berufsleben booten sich Frauen durch umständliche Formulierungen immer noch gern selbst aus. Und bei Müttern schlägt der Spagat zwischen Job und Familie nicht nur aufs Selbstbewusstsein, sondern auch auf die Sprache.

Vor allem Frauen können durch klare Worte und präzise Texte endlich raus aus der Mutti-Falle, durch die gläserne Decke und runter vom Lastenrad.

Ist mein Buch politisch? Ich komme leider nicht drumherum. Auch, wenn ich mich gerne neutral halten will, muss ich vor allem mit meiner Sprachkritik an politischen Entscheidungsträger*innen manchmal deutlich werden. Hier scheint die Wortwahl leider manchmal sinnbildlich für den Umgang mit der Bevölkerung. Auch der eine oder andere Interviewpartner ist politisch eindeutig zu verorten. Das interessiert mich aber nicht primär.

Ich habe diese Menschen ausgewählt, weil ich sie seit Jahren beobachte, ihnen in den sozialen Netzwerken folge und finde: Sie kämpfen mit jedem Post und jeder Rede für klare Worte. Sie halten nichts von Blabla und Gewäsch. Sie wollen, dass mit allen Menschen auf Augenhöhe kommuniziert wird – nicht aus dem Elfenbeinturm heraus. Sie stehen für Klarheit und haben immer eine Idee, wie es besser geht. Alle Interviewpartnerinnen und Partner in diesem Buch haben mir sofort zugesagt. Aus Eitelkeit sicher nicht, denn sie alle haben große Plattformen in der Politik, mit ihren Büchern oder online. Aber: Sie alle sehen die Notwendigkeit, mal richtig auf den Tisch zu hauen und für bessere Texte zu werben.

Von der Politik zur Wirtschaft: Die Wirtschaft ist bemüht, Sprachtrends ernst zu nehmen. Sie setzt neue Strömungen schnell um, geht auf die Menschen draußen ein. Klar, es geht um viel Geld. Trotzdem ist bei vielen Unternehmen textlich immer noch viel Luft nach oben.

Unternehmen haben Styleguides für ihren Look, für die Webseite, für die Fotos. Nur für die Sprache gab es lange keinen. Irgendwie gehen alle davon aus, dass jeder, der mal in der Schule war, ausreichend Deutsch spricht. Für gute Business-Texte reicht das nicht. Warum nicht die Chance nutzen, die sich durch die Gender-Debatte jetzt auftut? Wenn ohnehin alles auf dem Prüfstand steht, können Unternehmen auch gleich für bessere Sätze sorgen. Das Ziel: So schreiben, sprechen und werben, dass es alle verstehen.

Der Elevator Pitch

In der Wirtschaft gibt es seit den 1980ern den Begriff Elevator Pitch. Der wirkt heute ein bisschen veraltet, ist aber moderner denn je:

Beim Elevator Pitch hat man exakt die Zeit einer durchschnittlichen Fahrstuhlfahrt, um eine Idee überzeugend zu präsentieren. Sprich:

Alle wichtigen Infos und ein überzeugender Kernsatz müssen auf den Punkt formuliert werden.

Ich habe panische Platzangst und fahre deshalb nie Fahrstuhl. Aber das Prinzip gilt überall dort, wo Menschen mit wenigen Worten in kurzer Zeit etwas sagen oder verkaufen wollen.

Die Gesetze für eine schnelle, überzeugende Ansprache sind:

- nicht langweilen
- verdichten
- schnell zum Punkt kommen
- Will-haben-Impuls wecken
- nicht mit Buzzwords und Floskeln blenden
- eine spannende Geschichte erzählen
- die Leute packen und berühren

Und weil ein Elevator-Pitch auf maximal 60 Sekunden angelegt ist, fällt eine Menge Sprach-Kompostmüll raus:

- sinnlose Adjektive
- Füllwörter
- unnötige Substantive
- Passivkonstruktionen
- Schachtelsätze
- Fachbegriffe
- Floskeln

Sie werden sehen: Mit diesen Regeln schreiben Sie Wesentliches – auch wenn Sie mehr als 60 Sekunden haben. Und das kommt an – egal, in welchem Bereich. Ob Mail oder Newsletter, ob Stellenanzeigen oder Kundenmagazin: *Perfektes* Deutsch muss es gar nicht sein – aber *verständliches*.

Ich habe für dieses Buch alle Arten von Unternehmenskommunikation gelesen – externe und interne – und überall Beispiele für schlechte Sprache gefunden. Meist musste ich sie gar nicht suchen. Sie springen mir auf Instagram und von Plakatwänden entgegen und jeden Tag im Briefkasten. Immer dann, wenn Menschen auf Menschen treffen, ihnen etwas verkaufen, beibringen oder aufoktruieren wollen, ist das Business. Und dieses Buch soll dabei helfen, bessere Texte fürs Business zu schreiben.

Nachdem ich mein erstes Werk *#perfektetexte – Schreiben für Social Media* in diesem Verlag veröffentlicht hatte, stachen mir plötzlich überall Beispiele für mieses Deutsch ins Auge. In der Pandemie waren das auch die Schulen und Kultusministerien, deren ständig neue Verlautbarungen aus Amts-Blabla bestanden. Bislang hatte ich mit Behörden so wenig wie möglich zu tun. Plötzlich hagelte es Verordnungen und Anweisungen.

Daher habe ich der Behördensprache auch ein Kapitel eingeräumt. Das ist übrigens der Bereich, der sich vermutlich am schwerfälligsten in Bewegung setzen wird. Umso wichtiger, mal wieder den Finger in die Wunde zu legen.

Dieses zweite Buch mag daherkommen wie ein kleiner Ratgeber, den man mal eben im ICE durchblättern kann (oder auf dem Bahnsteig, falls der Zug ausfällt…). Es ist aber ein flammender Appell an alle, ihre Texte zu überdenken. Vor allem an diejenigen, die in verantwortungsvollen Positionen sind und mit Menschen zu tun haben.

Die Zeiten sind chaotisch genug. Verwirren wir uns und andere nicht noch mehr, indem wir etwas schreiben, was niemand versteht. Schreiben wir doch einfach, was ist!

1 Unternehmen und Sprache

Unternehmen haben heute nicht nur wirtschaftliche und soziale Verantwortung, sondern auch sprachliche.

Die nehmen sie aber nicht immer wahr:

Sie produzieren nachhaltig, schreiben Veggie-Kantinen-Tage aus und spenden für die Ukraine. Aber sie stellen für ihre eigene Belegschaft grottenschlechte Artikel ins Intranet, formulieren Pressemitteilungen aus der Hölle und twittern sich um Kopf und Kragen.

Die Frankfurter Allgemeine Zeitung warb mal mit dem Spruch: *Hinter dieser Zeitung steckt ein kluger Kopf.* Aber welche Köpfe stecken eigentlich hinter schlechter Unternehmenskommunikation? Ich vermute: Nicht unbedingt Journalist*innen, sondern oft eifrige Konzernpflanzen, die keine Fehler machen wollen. Meiner Erfahrung nach sitzen an diesen Positionen viele Menschen, die vor allem die DNA und das Wording ihres Arbeitsgebers verinnerlicht haben. Genau *die* werden von Unternehmen auch oft ausgewählt, weil man mit ihnen kein Risiko fährt. Das ist solide, aber selten richtig gut.

Und das ist schon das Problem:

Denn genau an dieser wichtigen Berührungsstelle mit dem Außen wären Leute wichtig, die die Story aus einer Pressemeldung destillieren, die den Moment freilegen, der im Gedächtnis bleibt. Leute, die den Mut haben, auch mal etwas Unkonventionelles zu wagen, die andere mit schönen Sätzen abholen, die das Unternehmen menschlicher erscheinen lassen – und damit sympathischer.

Doch diese Leute werden in der Regel Journalisten. Sie schreiben, posten und produzieren Artikel und Reportagen, die informieren, unterhalten, packen. All das sollte gute Unternehmenskommunikation aber auch können. Manchmal wechseln Reporter und Redakteurinnen die Seiten und schreiben fortan von der anderen Seite der Pressekonferenz Texte für ihre Ex-Kollegen. Seltener ist es andersherum. Zum einen sind Medien-Jobs in der Regel schlechter bezahlt als PR-Jobs. Zum anderen sind ganz anderes Denken und Formulieren gefordert. Ich glaube: Gutes, verständliches Deutsch schadet in keinem dieser Jobs.

Was ist eigentlich gute Unternehmenskommunikation?

Ich habe mich bei der Recherche in das Meer an Fachliteratur gestürzt, um dieses vage Wort für mich greifbarer zu machen.

Es gibt natürlich jede Menge Begriffsbestimmungen. Ich verrate schon mal: Die meisten sind sperrig und bereiten Berufsstarter auf das vor, was sie später *nicht* schreiben sollen. Kaum eine Erklärung war auf Anhieb verständlich.

In Standardwerken wie *Das 1x1 der Unternehmenskommunikation – Ein Wegweiser für die Praxis* von Marco Hillmann habe ich Definitionen mit *sehr* vielen Substantiven gefunden:

Ansgar Zerfaß, Universitätsprofessor am Institut für Kommunikations- und Medienwissenschaft der Universität Leipzig und seit 2014 Inhaber des Lehrstuhls für Strategische Kommunikation, wird dort zitiert:

> *Unternehmenskommunikation beinhaltet alle kommunikativen Handlungen von Organisationsmitgliedern, mit denen ein Beitrag zur Aufgabendefinition und -erfüllung in gewinnorientierten Wirtschaftseinheiten geleistet wird.*

Beinhaltet? Geleistet wird? Come on!

Sein Kollege Dieter Georg Adlmeier-Herbst legt sich fest:

> *Der Begriff Unternehmenskommunikation steht für das systematische und langfristige Gestalten der Kommunikation eines Unternehmens mit seinen wichtigen internen und externen Bezugsgrup-*

> pen mit dem Ziel, das Unternehmen bei diesen Bezugsgruppen bekannt zu machen und das starke und einzigartige Vorstellungsbild (Image) der Unternehmenspersönlichkeit aufzubauen und kontinuierlich zu entwickeln.

Puh. Mehr als sechs Zeilen, elf Substantive. Und das in Nachschlagewerken von Kommunikationsexperten. Ich habe bei solchen Sätzen nur einen Impuls: Lieber googeln! Denn mal im Ernst: Was soll das?

Schon die Definition muss so einfach geschrieben sein, dass alle sie verstehen. Das ist doch keine Raketenwissenschaft. Die Unternehmen kommunizieren, und die Leute draußen sollen das erfassen. Auch BWL-Studierende wollen wissen, was sie da lernen. Warum tun wir uns aufgeblähtes Fach-Geschwafel an? Warum müssen Definitionen so umständlich klingen?

> Eigentlich ist die Unternehmenskommunikation einmal mit dem Ziel gestartet, Produkte und ihre Macher nach außen gut darzustellen. Dieses Ziel hat sie aber längst aus den Augen verloren.

Wo kommt sie her, die Unternehmenskommunikation?

Viele Fachleute legen sich hier auf die USA zu Beginn des 20. Jahrhunderts fest. Theodore Roosevelt checkt damals: Auch das Amt des US-Präsidenten ist ein Business. Und ein Business muss nach innen und außen kommunizieren. Also lässt sich der US-Präsident 1906 zu seiner ersten Auslandsreise zum Panamakanal von einer ganzen Medienmeute begleiten. Heute sitzen im Scholzschen Kanzlerflieger mehrere Dutzend Presseleute – Standard. Damals war das ein Riesending. Übrigens kennt die ganze Welt dank des Medien-Echos das Accessoire, das der damals 48-jährige auf dem Kopf trägt: Einen leichten, hellen Hut – der bis heute Panama-Hut heißt.

Als Startschussgeber der modernen Public Relations gilt Edward Louis Bernays, ein Neffe von Sigmund Freud. Er studiert zwar Agrarwissenschaft, wendet sich dann aber dem Journalismus zu und entwickelt ein riesiges Interesse für Massenpsychologie.

1929 landet er einen der größten Coups für die American Tobacco Company: Bernays mobilisiert für die Osterparade auf der Fifth Avenue in New York Sufragetten mit Zigarette – damals ein fetter Skandal, der natürlich auf jedem Zeitungs-Titelblatt landet und einschlägt wie eine PR-Bombe. Rauchende Frauen gelten plötzlich als modern, der Tabakkonzern verkauft seine Lucky Strike Zigarette unfassbar gut – und Bernays selbst wird reich und berühmt – er wird FAME, wie meine zehnjährige Tochter heute sagen würde. Wie hat er es geschafft? Mit einem Ereignis, über das alle sprechen – und zack wollen alle das Produkt zu den News. Er wirbt für Bücherregale, die Fluoridierung von Trinkwasser und für LKWs.

Bernays, damals ein schneidiger Typ in seinen 30ern, macht das Schinken-Ei-Frühstück in Amerika zum Must-Have. Motto: Kein Produkt ist zu profan, um es zu groß rauszubringen. Plötzlich wollen alle Bernays. Konzerne bezahlen ihm ein Vermögen, damit er für sie eine geniale Strategie findet.

Heute buchen sich Konzerne Agenturen. Und in den Sozialen Medien kann ein Produkt mit der richtigen Geschichte in Sekundenschnelle einen globalen Hype auslösen.

In Deutschland macht 1937 Kommunikationsforscher Carl Hundhausen die Pressearbeit beim Rüstungskonzern Krupp – und gibt eine Mitarbeiterzeitung heraus. Das erste Intranet, sozusagen. Hier kann sich plötzlich die Belegschaft über ihren eigenen Laden informieren. Ein revolutionärer Gedanke.

Intranet heißt: Die Leute arbeiten *für* ein Unternehmen, das Unternehmen wiederum muss für seine Leute transparent bleiben.

In den 50er, 60er und 70er-Jahren schimmelt die Unternehmenskommunikation ein bisschen vor sich hin. Bis in den 80ern der magische Begriff auftaucht: Corporate Identity. Deutsch: Wer sind wir – und wie wollen wir nach außen wirken? Am besten natürlich klar, sympathisch und einheitlich.

Für die nächsten 20 Jahre ist dieser Begriff das A und O der Unternehmenskommunikation. CI – das Wort lässt jeder Boss im schwarzen Rolli lässig über seiner Edel-Espresso-Maschine fallen. Logos und Farbgebung werden plötzlich wichtiger als Inhalte. Hauptsache, der Look stimmt.

Doch der nächste große Bruch wartet schon: Die Jahrtausendwende, das Internet, die Digitalisierung, Social Media. Plötzlich sind Unternehmen gezwungen, schneller zu kommunizieren, diverser zu werden, nahbarer. Der Austausch läuft mittlerweile über Social Media schneller, als manche PR-Abteilung aus der Lunch-Bowl-Pause zurück ist.

Aus der Unternehmenskommunikation wird ein Machtzentrum, das nonstop auf Senden und Empfangen geschaltet sein muss.

Alle Leute da draußen haben plötzlich die Chance auf ihre eigenen Plattformen, ihre eigenen Channels, ihre eigene Bubble. Jetzt gleicht die Kommunikation einem harten, langen Match mit unzähligen Spielern. Die Worte fliegen nur so hin und her, und ganz plötzlich ist die Kommunikation nicht mehr das Heiligtum von ein paar Strebern im Konzern, sondern eine wichtige Schaltstelle zu den Leuten draußen.

Heute muss Unternehmenskommunikation…

1. Konkrete Ziele festlegen. Wohin wollen wir – und wie wollen wir das schaffen?
2. 24/7/365 auf ON geschaltet sein.
3. Eine klare Sprache sprechen, mit der Business-Partner und Kundschaft etwas anfangen können.

Und hier setzt *dieses* Buch an. Denn Punkt Nummer drei ist leider nur in Teilen gelungen. Ein Großteil der Kommunikation von Unternehmen in Deutschland ist noch immer zu träge, zu schwerfällig, zu angstgetrieben.

Ich liebe die Tweets von Tesla- und Twitter-Boss Elon Musk auf Twitter. Hier twittert der Chef persönlich. Liest man sich seine Posts durch, wird klar: Er haut raus, worauf er gerade Lust hat. Das geht mal schief und meistens gut. Ja, er ist umstritten, aber ein verdammt guter Kommunikator.

Für viele Unternehmen ist LinkedIn die Plattform für komplexe Business-Inhalte. Für mich ist das – siehe Elon Musk – Twitter. Denn hier muss die Message kurz und prägnant sein. Eine gute Pointe sorgt für Lacher und Fans. Egal, ob er sich über die Gerüchte um angebliche Affären auslässt oder über seine Kinder. Musk versorgt seine 101 Millionen Follower mit Tweets, die nicht klingen, als hätte sie ein Social Media Team aufgesetzt.

Er hat verstanden, dass Menschen *Menschen* lesen und hören wollen – keine Abteilungen, keine Policy, keine Strategie und kein Wording. Das, und nur das macht gute Business-Kommunikation aus.

2 Formate der Unternehmenskommunikation

Intern vor extern

Wie Unternehmen mit ihrer Belegschaft kommunizieren, ist mittlerweile extrem wichtig, wird aber nicht so behandelt. „Wir kriegen nix mit" stammt noch aus Zeiten, in denen es schwarze Bretter und Mitarbeiterzeitungen als Hauptmittel der Kommunikation gab. Hier ist durch die Digitalisierung und das Home-Office in Coronazeiten viel passiert – und das ist gut so:

Die interne Kommunikation ist die erste Mini-Öffentlichkeit – noch bevor irgendetwas nach draußen dringt. Jeder und jede soll sich wertgeschätzt fühlen und dem Unternehmen gegenüber loyal bleiben. Und das geht mit anderen Dingen als Gehalt.

Umso wichtiger ist, *wie* Unternehmen mit ihrer Belegschaft sprechen, und das läuft immer mehr über Austausch.

==Die interne Kommunikation ist heute keine Einbahnstraße mehr, sondern lebt von Aktion und Reaktion.==

Weil aber nicht alle am Rechner sitzen, sondern auch am Band stehen, bleibt die Frage: Wie erreiche ich auch diejenigen, die keine Videocalls machen und selten Emails schreiben? Auch sie wollen jederzeit informiert sein.

==Grundsätzlich gilt in der Unternehmenskommunikation: Intern vor extern.==

Also erstmal die eigene Belegschaft über alles Wichtige informieren – erst dann nach außen geben. Geht es um gesetzliche Vorgaben, muss das zumindest gleichzeitig passieren.

Interne Kommunikation muss zeitnah, offen, direkt, verlässlich sein. Und natürlich sollte sie für alle verständlich sein – für die Leute an der Kantinenkasse genauso wie für das Marketing und den Vorstand.

Unternehmen haben verschiedene Hierarchieebenen und sollten sich klarmachen: Pflegen wir eine Bottom-up-Kommunikation? Welchen Kommunikationsstil haben wir? Und diese Linie sollte sich durch alle Plattformen ziehen.

Im Folgenden beleuchte ich einige wichtige Formate der internen Kommunikation, um anschließend auf typische nach außen gerichtete Formate einzugehen. Aber natürlich ist die Zuordnung nicht überschneidungsfrei: Über E-Mails, Newsletter etc. kommunizieren Unternehmen auch mit Kunden und die Regeln für gute Kommunikation gelten sinngemäß für beide Anwendungsrichtungen.

Intranet

In großen Unternehmen ist das Intranet die wichtigste Plattform für Austausch und Information, bei internationalen Konzernen in verschiedenen Sprachen und mit Kommunikationsfunktion. Die Texte in vielen dieser Intranets sind oft immer noch ein paar Schippen unter denen, die an die Presse gehen. Nachteil: Leute aus den Produktionshallen schauen nicht ständig in den Rechner und verpassen vielleicht wichtige News. Das Intranet bleibt jedoch die wichtigste Plattform. Hier finden alle Mitarbeitenden alle relevanten Infos.

Newsletter und Videobotschaft

Das sind Nachrichten der Geschäftsführung, meist in einheitlichem Corporate Design. Diese Messages sind oft schön ausgeleuchtet, das Wording ist von einer Vielzahl von Menschen abgenickt. Leider kommt die Botschaft nicht immer an oder interessiert einfach nicht, es sei denn, es geht um Existenzielles wie Stellenabbau.

Beruflich kommt man aus den Newslettern nicht raus.

Privat schon: Ich habe dieses Jahr alle Newsletter abbestellt, *unsubscribe,* wie die schöne Verneinung heißt. Ich brauche sie nicht, sie nerven mich. Wenn ich wissen will, was Firma XY treibt, schaue ich bei Instagram oder LinkedIn. Dafür muss ich in keinem Verteiler mit Tausenden wildfremder Menschen sein. Schade, denn viele Newsletter sind liebevoll gemacht und gut geschrieben. Mein Problem ist die Beliebigkeit. Aber ein interner Firmen-Newsletter holt die Leute ab und bringt sie auf denselben Informationsstand – vorausgesetzt, er wird gelesen.

Umfragen

Viele Unternehmen starten regelmäßig Umfragen, um Stimmungen auszuloten, einen Wettbewerb auszurufen oder ein Event zu bewerten. Das ist eine schöne Art, miteinander im Gespräch zu bleiben. Bei manchen herrscht Misstrauen: Ist ihre Bewertung wirklich anonym? Entpuppt sich eine Beschwerde als Karrierekiller? Hier spielt das Thema eine wichtige Rolle: In der Regel nehmen die Leute an Umfragen wie „Welchen Namen soll unser Fitnessraum bekommen?" bereitwillig teil und steuern per Schwarmintelligenz kreative Ideen bei. In Umfragen finden wir auch die „normalste" Schreibe. Menschen tauschen sich aus, oft wird geduzt, alle sollen mitgenommen werden.

Blog, Webcast und Podcast

Ein Unternehmensblog ist eine spaßige Angelegenheit, bei der sich Multimedia-Talente in etwas lockererem Setting austoben können.

Inspiriert von der Flut an Podcasts da draußen sind alle Macherinnen und Macher gezwungen, hier prägnant und verständlich zu schreiben und zu sprechen. Podcasts müssen ankommen. Es gibt keine Bilder, die Sprache muss die Zuhörenden catchen. Interviews mit dem Produktionsleiter aus der Lagerhalle oder der Abteilungsleiterin zu neuen Arbeitszeitmodellen schaffen Nähe. Bei Blogs ist das ähnlich – die haben oft wenigstens noch Bildmaterial. Interessanterweise habe ich oft gerade bei Q&A, Questions and Answers klare, ungekünstelte Sprache gefunden. Die Fragen und Antworten sind genauso geschrieben, wie jeder gute Text: Klar und präzise („Gibt es in diesem Jahr ein Sommerfest oder nicht?").

E-Mails

==Ja, auch E-Mails sind Texte. Selbst eine Betreffzeile ist ein Text.==

Leider sind Mails das Dauerkrisengebiet der Kommunikation. Hier geht ständig eine Sprengladung hoch.

Die größten Fallen in beruflichen Mails:

- Aufgeblähte Verteiler
- Unverständliche Betreffzeile
- In einer knackigen Betreffzeile steht auch eine Handlungsaufforderung. Zum Beispiel: „Bitte um grünes Licht für den Dreh bis 14 Uhr". So haben auch vielbeschäftigte Chefs mit einem Blick die wichtigste Info.
- Manchmal entwickelt sich eine Mail-Dauerwurst, in der der Sachverhalt sich ändert, aber die Betreffzeile immer noch gleichbleibt. Vielleicht ist das 9-Uhr-Problem aber um 11 Uhr ein völlig anderes. Dann muss oben eine neue Headline rein.
- Verlaufs-Marathon: Wenn ersichtlich wird, dass das die fünfte RE:-Runde ist, dann lohnt es sich, nochmal bei 0 anzusetzen. Niemand will wissen, was Kollegin XY vor fünf Tagen geschrie-

ben hat. Außerdem lauern hier die größten Fallen, denn nicht immer ist alles für alle zum Lesen bestimmt.
- Zu förmliche Sprache: Gerade in Business-Mails neigen Menschen dazu, ihren Rang raushängen zu lassen.
- Pampiger Tonfall. Nirgendwo schleichen sich leichter Misstöne ein, als bei Berufsmails. Ein falsches „wie ich schon gestern erwähnt habe..." oder ein „ich weiß nicht, warum das so lange dauert" kann schon schnippisch und beleidigt klingen. Hier lohnt es sich, noch einmal drüberzulesen und zu neutralisieren – oder einfach schnell anzurufen.
- Rechtschreibfehler: Wir sind hier doch unter uns? Großer Denkfehler. Berufsmails sind bis in alle Ewigkeiten einsehbar. Wer hier sprachlich schlampt, fällt irgendwann unangenehm auf.

Apps

Immer mehr Firmen setzen auf eine App, in der alle Mitarbeitenden alle relevanten Infos mobil auf dem Smartphone haben. Im Unternehmenskommunikations-Podcast *Senden & Empfangen* spricht App-Gründer Benedict Ilg über die Vorteile des „Unternehmens in der Hosentasche". Kein mühsames Einloggen mehr, alle internen Mitteilungen, aktuelle Coronaregeln, sogar Sport-Sessions finden sich in solchen Apps. Der Konzern Hugo Boss hat für seine mehr als 14 000 Mitarbeitenden für Nachrichten aus der Chef-Etage sogar die App *MyBoss*. Hier sprechen die Führungskräfte nicht nur von oben nach unten, es gibt auch Austausch.

==Die Sprache von Apps ist genau die, die sich überall durchziehen sollte: Klar, verständlich, alle Infos auf einen Blick.==

Unternehmenswebsite und Social Media

Von allen Möglichkeiten von Unternehmen, mit guter Sprache nach außen aufzutrumpfen, ist sie die Visitenkarte, das Einfallstor ins Konzerniversum: die **Unternehmenswebsite**. Leider ist die Website selbst bei vielen großen Unternehmen sprachlich ein Trauerspiel, trotz vieler toller Fotos. Gerade hier wäre aber die Chance, die Leute mit schönen Geschichten und durchdachten Headlines zu packen. In diesem Kapitel zeige, ich welchem Unternehmen das meisterhaft gelingt. Schlechtes Produkt, tolle Kommunikation...

Bei **Social Media** haben in der Unternehmenskommunikation für mich LinkedIn und Twitter die Nase vorn: Durch die knappe Form und 280 Zeichen sind alle gezwungen, auf den Punkt zu kommunizieren. Twitter lässt keinen Raum für Blabla.

Auch LinkedIn ist ein wichtiger Kanal für Firmen geworden. Manche Unternehmen wie Hugo Boss mit mehr als 380 000 Followern sind selbst richtige Publisher und verbreiten nicht nur ihre eigenen News, sondern sind auch mit Fans, Kundinnen und Kunden und Partnern im Austausch.

Die **Deutsche Bahn** – auch, wenn man über das Produkt in seiner aktuellen Form streiten kann – hat meiner Meinung nach eins der besten Text-Teams. Und zwar auf der Webseite *und* auf Social Media. Wir alle haben uns schon geärgert über die Bahn. Zu teuer, zu unpünktlich, zu unberechenbar. Und mit dem 9-Euro-Ticket, überfüllten Regionalzügen und vollen Bahnhöfen gibt's eine Menge Kommunikationsbedarf.

Überspitzt formuliert könnte man über die Bahn sagen: Fahren klappt nicht immer, schreiben aber schon.

Auf **Twitter** hat *Die Deutsche Bahn Personenverkehr* immerhin mehr als 146 Tausend Follower. Daneben gibt es noch den *Güterverkehr* und den *DB Navigator*, ein Tool, mit dem man seine Reisen optimieren kann.

Den Twitter-Stil der Bahn mag ich. Hier finden sich aktuelle Meldungen wie Sturmwarnungen, Neues von der schnellsten Bahn-Tour mit Sänger Max Giesinger quer durch Deutschland.

Mit **Humor** kann ein Unternehmen immer punkten – das hat die Bahn verstanden. Ein Tweet Anfang Juni bekommt viele hundert Likes. Denn der bringt Ordnung ins Chaos um das 9-Euro-Ticket. Für Millionen Reisende stellt sich noch immer die Frage – obwohl es wirklich überall steht – für welche Züge das Billig-Ticket eigentlich gilt. Und hier schafft die Bahn mit einem Reim humorvolle Abhilfe (noch lässiger wäre es als gerappte Anweisung geworden):

Soll die Reise mit dem #9 EuroTicket sein, steig nicht in den weißen Zug mit den roten Streifen ein.

Hier mag beim Versmaß noch Luft nach oben sein. Aber, nicht immer nur die üblichen zwei oder drei Sätze zu posten, bringt richtig Beifall. Natürlich findet sich in den Kommentaren auch viel Kritik, etwa von Reiseagenturen, die empörte Kundschaft beruhigen muss oder bei den Bahngleis-Gestrandeten, deren Züge ausgefallen sind.

Immerhin: Die Kommunikationsabteilung der Bahn tut das, was sie tun sollte – sie kommuniziert. Fragen und Beschwerden werden beantwortet. Das nimmt wütenden Leuten schon mal viel Wind aus den Segeln.

Nervige Mitreisende kennt zum Beispiel jeder von uns. Die Bahn fragt ihre Follower:

Wie viele Punkte habt Ihr?

Er ist eine 10/10, aber...

...zieht die Schuhe in der Bahn aus

...reserviert für 2 Leute den Tisch

...quietscht mit dem Deckel vom Mülleimer

...liebt Tastentöne

...setzt sich im leeren Zug genau neben dich

...liebt Smalltalk

Eine humorvolle Art, die Leute abzuholen – und zwar mit klassischen „Wer kennt sie nicht?"-Situationen.

Auch **Votings** kommen gut an bei Reisenden:

Eigentlich wollte die Bahn im Mai einen Sonderzug für Eintracht-Frankfurt-Fans bereitstellen, die zum Europa-League-Finale nach Sevilla reisen wollen. Vor dem Endspiel gegen die Glasgow Rangers gab es dann aber laut Bahn nicht genug Likes für einen Twitter-Post zum Thema.

Das Unternehmen hatte für den Tag nach dem Final-Einzug der Frankfurter einen Sonderzug in Aussicht gestellt. Bedingung: Für die Umsetzung der Idee hätte es 753.056 Likes geben müssen – so viele wie Einwohner von Frankfurt. Laut Twitter-App wurde das Ziel mit knapp über 156.000 Likes nicht erreicht.

Trotzdem sind solche Aktionen Gold wert: Zum einen wird über das Unternehmen gesprochen, zum anderen wird *mit* ihm gesprochen.

Besser geht's nicht.

Natürlich ist noch nicht alles an der Bahn-Kommunikation top. Auf der Homepage finden wir noch kryptische Sätze wie: *Die Deutsche Bahn bietet auf ausgewählten Strecken WLAN an.* Heißt: Nicht auf allen Strecken. Und nach welchen Kriterien wird hier ausgewählt? Jeder kennt das: Funkloch mitten auf der Strecke. *Du, ich sitze im Zug.* Das geht sprachlich nicht – und inhaltlich schon gar nicht.

Auch Kinderbetreuung im Zug gibt's wohl nur auf *ausgewählten* Zügen und am Wochenende, gesehen habe ich noch nie eine.

Aber:

==Die Deutsche Bahn beeindruckt auf ihrer Homepage oft mit knappen, prägnanten Schlagsätzen, die mir auf den Punkt mitteilen, was ich bekomme.==

Zum Beispiel: *Städtetrips macht man mit der Bahn.*

Dann kommen ein paar Dreier-Aufzählungen, die Tempo und Rhythmus in den Text bringen:

Geschwindigkeit, spektakuläre Action und viel Gefühl! Mit dem Super-Sparpreis schon ab 17,90 Euro nach Bochum zu Starlight Express reisen!

Eine Handlungsaufforderung, also einen call-to-Action gibt's gleich dazu. Das ist kurz, prägnant, gut. Hier kommt noch einer:

Geschäftsreisen macht man mit der Bahn

Ihre Kunden warten seit 2 Jahren auf Sie. Fahren Sie hin. Auf die klimafreundliche Art. Die Bahn ist das optimale Verkehrsmittel für Geschäftsreisen. Und bietet alle Möglichkeiten – von Arbeiten am Platz bis Entspannen im Bordbistro.

- *Schnell: City-zu-City-Verbindungen im Stundentakt und neue Sprinter mit Fahrzeitverkürzungen*
- *Direkt: Mehrmals täglich in viele Metropolen, z.B. Paris, Amsterdam, Brüssel, Zürich und Wien*
- *Klimafreundlich: 100% Ökostrom im DB Fernverkehr, bahn.business-Kunden sind auch im DB-Nahverkehr mit 100% Ökostrom unterwegs*
- *Komfortabel: Reisen in der 1. Klasse mit maximaler Beinfreiheit und am Platz-Service*
- *Arbeiten: WLAN an Bord und Steckdosen am Platz*

Lernen Sie jetzt das kostenlose bahn.business-Programm für Geschäftsreisende und Unternehmen kennen.

Alle wichtigen Stichpunkte sind drin, ich verstehe jedes einzelne Wort, langweile mich nicht bei Schachtelkonstruktionen. Noch dazu die Gefühlsebene, die mich nach zwei Jahren Pandemie abholt und eine Handlungsaufforderung am Ende.

Außerdem gibt es offenbar feste Zeiten für Social Media: Um 22 Uhr verabschiedet sich das Team bis zum nächsten Morgen. Auch für Hater gibt's dann keine Anreize mehr. Mit wem will man sich dann noch anlegen?

Mein absoluter **Lieblings-Account auf Twitter** ist bezeichnenderweise von einem Unternehmen, das ich selbst selten nutze. Ich lese die Tweets trotzdem, weil sie überraschend, ideenreich und lustig sind. Ich rede von **eBay Kleinanzeigen**. Mit knapp 30 000

Followern gehört der Account nicht zu den Riesen. Trotzdem lohnt sich ein täglicher Blick darauf:

Nach einem tagelangen Streit zwischen der Zeitung WELT darüber, ob Kinder durch die *Sendung mit der Maus* sexualisiert werden, postet eBay Kleinanzeigen am 2.Juni 2022 eine Maus und einen Elefanten mit dem Text: *Zu sexy für die WELT-Redaktion*. Mehr als 1000 Likes zeigen: Nerv getroffen. Ein Produkt vermischt mit einer aktuellen Debatte – genial!

Manchmal schreibt das Team auch nur: *Was letzte Preis?* und nimmt damit manche seiner User selbst aufs Korn.

Auch vom Mai 2022 stammt dieser Tweet: *Warum gibt es bei uns gerade eigentlich so viel Ramsch? Ach ja, die Höhle der Löwen läuft wieder.*

Oder nach dem Nervenkrieg um den Twitter-Verkauf an Elon Musk: *Twitter wieder zu verkaufen. 44 Milliarden VB.* 12 500 Likes.

Auch in Sachen Kommunikation ist eBay Kleinanzeigen groß: Sie küren den Tweet der Woche und kommentieren selbst fleißig. Da ist ganz offenkundig ein Team am Werk, das Spaß am Spiel mit Sprache hat.

Manchmal geht etwas schief, wie eine zu oft gesendete Push-Mitteilung. Dann postet das Team sie einfach *viermal*.

> Hier finden wir sie, die Leitplanken für verständliche Unternehmenskommunikation:
> - einfache Sprache
> - Austausch mit den Followern
> - Spielfreude, Humor und Selbstironie
> - Haltung, die man teilen kann – oder eben nicht.

Der Reisegigant **TUI** hat auf seiner Homepage einen Text, der versucht, neutral für alle Arten von Urlaub zu werben – und gerade deshalb so unkonkret wirkt. Nach der Lektüre solcher Texte fühle ich mich zumindest urlaubsreif…

Auf TUI.com Deinen Traumurlaub buchen

Unterschiedliche Menschen haben im Urlaub verschiedene Erwartungen. Als Marktführer weiß das die TUI wie kaum ein anderer und bietet Dir daher auch eine Fülle von Möglichkeiten, Deinen persönlichen Urlaub zu finden. Du suchst Ruhe, Entspannung und Erholung? Du möchtest ein Land und seine Leute, andere Kulturen und neue Wege entdecken? Die TUI hat all dies im Programm. Ganz gleich, ob Badeurlaub oder Rundreise: Die Qualität der TUI ist immer an Deiner Seite. Willkommen in der World of TUI, Deinem Reiseveranstalter!

Schon bei *unterschiedliche* und *verschiedene* steige ich aus. Ja was denn jetzt? *Ob mit der Seilbahn durch den Dschungel von Costa Rica oder zum Sundowner auf einer Sonnenterasse auf Santorini*, das würde ich ganz konkret benennen. Eine *Fülle von Möglichkeiten*? Wie viele sind es denn? Millionen? Hunderttausende? *Ob Patchwork-Familie mit Hund, Single-Cluburlaub oder Gay-Hotels, ob Kreuzfahrt oder Finca – das alles bieten wir*. Hier wüssten alle, woran sie sind. Denn allgemeine Formulierungen holen, anders als vermutet, nicht etwa die breite Masse ab, sondern treiben sie aus Langeweile in die Flucht.

Das Unternehmen *legt Wert auf Qualitätsstandards*? Super. Das ist aber auch die Mindestanforderung. Niemand will als Opfer einer windigen, bankrotten Reisegesellschaft am Flughafen stranden oder zwei statt vier Sterne im Hotel vorfinden. Daher setzen viele Reisende auf ein solides Unternehmen mit hohen Standards und Verlässlichkeit. Das würde ich auch genauso schreiben. *Bei uns lässt Sie keiner im Regen stehen* zum Beispiel. Oder *Bei uns gibt es nur einen Ort, an dem Sie stranden, und es ist nicht der Terminal*. Nicht so ernst, nicht so juristisch, nicht so trocken! Es geht um die schönsten Wochen des Jahres, und die Leute zahlen einen Haufen Geld dafür. Da darf man mit schönen Assoziationen *und* einer Qualitätsgarantie ums Eck kommen. Dieser Text soll Lust aufs Reisen machen und nicht darauf, seinen Anwalt anzurufen.

Wenn ich auf die Website von **BMW** gehe, werde ich im Frühjahr 2022 direkt zur Werbung für die neue 3er Limousine geleitet. Angenommen, die interessiert mich, ich habe ein paar Zehntausend Euro herumliegen oder einfach Lust, mal so ein schickes Auto zu fahren, was erwarten mich für Infos? Schnelle, präzise und solche, die bei mir sofort „Haben-will"-Reflex auslösen?

Nein. Da steht: *Die neue BMW 3er Limousine bietet herausragende Fahrdynamik und umfassende, technologisch moderne Unterstützung für den Fahrer im neuen sportlichen Design.*

Hier wird schon mal nicht gegendert. Ich sehe vor meinem inneren Auge einen männlichen Anfang-Vierziger am Steuer.

Außerdem: Was ist *herausragende Fahrdynamik*? Und *umfassende Unterstützung*?

Diesen ganzen Absatz können wir problemlos umschreiben in:

Unsere neue 3er–Limousine fährt sich geschmeidig, ist technisch top und hat alles, was Sie für modernes Fahren auf dem neuesten Stand brauchen. Dass sie attraktiv ist – versteht sich von selbst.

Jetzt erfahre ich zwar immer noch nicht, warum das hier anders ist als bei allen anderen neuen BMW-Limousinen. Trotzdem werden alle Geschlechter abgeholt – und ich weiß, was ich bekomme.

Noch immer investieren große Automarken ein Vermögen in Werbung und schöne Filmchen, in denen ihre Limos lautlos über malerische Bergstraßen gleiten. Ins Texten stecken sie anscheinend nicht ganz so viel Mühe, das klingt immer noch nach Sprach-Sperrgepäck.

Nach den technischen Details kommt nämlich noch dieser Killer-Absatz:

Weitere Informationen zum offiziellen Kraftstoffverbrauch und den offiziellen spezifischen CO_2-Emissionen neuer Personenkraftwagen können dem 'Leitfaden über den Kraftstoffverbrauch, die CO_2-Emissionen und den Stromverbrauch neuer Personenkraftwagen' entnommen werden, der an allen Verkaufsstellen (...) unentgeltlich erhältlich ist. Abbildung/en zeigt/en Sonderausstattungen.

Das klingt nach TÜV-Beamtendeutsch, das mit einem Schlag sehr müde macht. Hier sind zu viele Substantive, nichtssagende Adjektive wie *spezifisch*, eine Passivkonstruktion („können entnommen werden", „erhältlich ist"). Warum nicht:

Alles, was Sie über den Kraftstoff- und Stromverbrauch wissen müssen, finden Sie bei XY?

Mit einfacher Sprache könnten diese Autohersteller womöglich *noch* mehr Fahrzeuge verkaufen.

Ein Freund, der sich viel mit Interieur beschäftigt, machte mich auf die **Sprache von Möbelhäusern** aufmerksam. Da gibt es einen Teppich-Giganten, dessen mehrseitige Prospekte gerne mal aus Zeitschriften fallen.

Dieser Teppichriese wirbt mit schönen Texten, kooperiert mit Bloggerinnen und Bloggern und hat einen ästhetischen Instagram-Look.

Leider finden sich auch hier immer wieder Platituden:

Im Sommer sind wir am liebsten draußen auf Terrasse und Balkon. Damit es dort so richtig gemütlich wird, darf ein Outdoor-Teppich nicht fehlen.

Die Floskel *darf nicht fehlen* darf bei mir überall fehlen.

Oder:

Handwebteppiche sind aus der Interior-Welt nicht mehr wegzudenken.

Hat sich jemand von Euch schon etwas weggedacht? Die Dinge sind nun mal da. Punkt. Diesen Halbsatz finde ich immer wieder in Texten. Er kann auf den Sprach-Kompostmüll.

Auch ein deutscher Möbelriese hat sich ambitionierte Texterinnen und Texter geholt:

HEJ, willkommen bei den Minis!

Rosa für Mädchen, blau für Jungs? Beim Kinderzimmereinrichten überstreichen wir lange überholte Klischees mit sanften Farbwelten und mixen sie mit naturnahen Materialien wie Korb, Rattan, Musselin, Baumwolle und Leinen. Das Ergebnis: Ein gemütlicher Ort zum Rundum-wohlfühlen, in dem Scandi und Boho den Ton angeben. Cleane weiße Holzmöbel wie das coole Himmelbett schicken auch die lauteste Rasselbande in süße Traumwelten.

2022 gehen? Der *Landeplatz für Helikopter-Eltern* zum Beispiel? Selbstironisch und zeitgemäß.

Auf der besagten Möbel-Seite stehen ohnehin viele Hipster-Wörter: *Chillen* und *Tiny House*. Hier sind Unternehmen in einem echten Sprach-Dilemma: Nutzen sie vermeintlich angesagte Worte, kann das schnell peinlich und anbiedernd klingen. Außerdem sind Begriffe aus der Jugendsprache schon längst wieder vom Tisch, wenn sie in der breiten Masse angekommen ist. Aber genau die braucht man zum Verkaufen.

Spannend ist auch, wenn es gelingt, eine originelle, zum Produkt passende Sprache zu finden.

So finden sich meiner Meinung nach auf pflanzlichen Fleischalternativen von The Vegetarian Butcher herrliche Produktnamen: Da kann man Lass-die-Sau-raus-Bratwurst kaufen, Chickeriki-Streifen, Beflügel-Nuggets, Hick-Hack-Hurra. Die simpelste Form von Text, kürzer als ein Tweet – Humor und Message auf den Punkt. Übrigens schmecken die Sachen auch noch. Aber das nur am Rand.

Kundenmagazin

Das gute, alte Kundenmagazin zum Blättern verschwindet zunehmend zugunsten digitaler Alternativen. Kürzlich habe ich auf einem Flug nach London das Lufthansa-Magazin vermisst und herausgefunden: Es gibt sie nicht mehr, die schön bebilderten Sehnsuchtsblättchen mit schön geschriebenen Geschichten in zwei Sprachen, einem Promi-Interview, allen Strecken und Flugzeugtypen und Fotostrecken toller Städte. Aus Hygiene- und Umwelt-, aber auch aus Spargründen.

Pressetexte, CSR und One-Voice-Policy

Unternehmen und Presse sind aufeinander angewiesen.

Aber in Pressemitteilungen und Pressekonferenzen ist sprachlich immer noch viel Luft nach oben. Ich behaupte:

==Es gibt keine Firma, die sich dauerhaft schlechte *Sprache* erlauben kann.==

Das Problem an jeder Kommunikation mit dem Außen: Jedes Wort ist ein Politikum und muss von vielen Menschen abgenickt werden. Dadurch werden Texte aber oft so sperrig und langweilig, dass sie draußen keiner liest. Aus dem Vier-Augen-Prinzip (der Chef liest noch mal drüber) ist ein 16-Augen-Prinzip geworden (alle holen *alle* ins Boot, um nur ja nicht verantwortlich zu sein, falls es in die Hose geht). In Pressemitteilungen und Newslettern stehen immer noch viel zu viele Füllwörter, Substantivmonster, Schachtelsätze, Fachausdrücke.

Presse und Unternehmen sollten einen offenen, fairen Umgang miteinander haben – und beide sollten ihre Grenzen kennen. Wenn Medien bei Unternehmen nachhaken, ist das gut. Stalken, Druck ausüben oder gar mit einem Shitstorm erpressen geht gar nicht.

Im Umkehrschluss gilt für Unternehmen: Die Kommunikation nach außen muss immer einheitlich, offen und transparent sein. Und sie müssen die Welt verbessern. 2022 heißen die drei magischen Buchstaben, an denen sich jedes Unternehmen messen lassen muss:
CSR – Corporate Social Responsibility

Mirco Hillmann schreibt dazu: *Jeder erwartet, dass sich ein Unternehmen gesellschaftlich konform verhält, gute Arbeitsbedingungen bietet, in den Standort investiert und zur sozialen, ökologischen und kulturellen Entwicklung der Gesellschaft beiträgt.*

In der Theorie klingt das wunderbar. In der Praxis gibt es oft eine Zweiteilung: Nach außen gibt sich das Unternehmen viel Mühe, formuliert knackige Posts, lässt sich griffige Headlines für Pressemitteilungen einfallen und betreibt richtig gutes Storytelling. Intern aber hackt der Prakti Meldungen in die Tasten, die woanders in Lokalteilen stehen. Nach dem Motto: „Spaß für Groß und Klein war wieder bei unserem Sommerfest geboten". Das geht natürlich nicht. Auch das Personal, egal ob 10 oder 1000 Menschen, hat denselben Standard verdient wie die Presse draußen: Gute, verständliche, pointierte Texte. Warum fließt all die Mühe nur nach außen, das interne Netzwerk ist aber der Sprach-Wertstoffhof oder eine Ausbildungsstelle für den Nachwuchs?

Thilo Baum findet:

Ein Unternehmen kann sich nicht ein schickes, positives Leitbild geben und etwas von Menschenfreundlichkeit, Kundenorientierung und Offenheit erzählen, wenn es mit Kunden und Mitarbeitern zugleich in einer störrischen, förmlichen Sprache kommuniziert.

Das sehe ich ähnlich. Denn zumindest den Vorsatz haben die meisten Unternehmen: Die **One Voice Policy:** Nach innen und außen wird mit *einer* Stimme gesprochen. Das sollte inhaltlich stimmen – und sprachlich auch.

Pressemitteilungen

==Oft sind Pressemitteilungen großer Unternehmen viel zu steif, die Anzug-Stimmung kann man förmlich spüren.==

Denn Pressemitteilungen sind echtes Handwerk.

Es gibt klare Regeln, was Aufbau und Inhalt betrifft:

- Nachrichtenwert
- gute Headline mit max. 65 Zeichen für Google-Suche
- Subheadline / Unterzeile / Unterüberschrift
- mindestens 3 W-Fragen in der Überschrift
- 1–2 DIN-A-4-Seiten inkl. Logo und Kontaktdaten
- 3000–5000 Zeichen
- Absätze und Zwischenüberschriften
- starke erste Zeile
- gute Fotos
- wenige Fachbegriffe und Fremdwörter

- keine Floskeln und Füllwörter
- kein Passiv
- Mehrwert
- Zitate
- fehlerfreies Deutsch
- Reizwörter
- keine Ironie

Wer Pressemitteilungen am Rechner liest, scannt erst einmal eine horizontale Linie am Anfang der Seite. Die meiste Aufmerksamkeit bekommt der erste Absatz. Hier hilft eine Unterüberschrift, damit jeder schon das Wichtigste mitbekommt. Danach überfliegen die User die Seite entlang des linken Seitenrands vertikal und erfassen vor allem die ersten Wörter der Absätze. Alles, was rechts davon steht, wird gar nicht mehr bewusst wahrgenommen. Was heißt das für uns Schreibende?

Die Überschrift und Subline, der erste Absatz und jedes erste Wort in einem neuen Absatz müssen knallen. Verschenken Sie den Effekt nicht, indem Sie neue Absätze mit schwachen Formulierungen wie „nachdem" oder „seit drei Jahren" starten.

Da die Regeln für Pressmitteilungen so festgelegt sind, ist der kreative Freiraum minimal. Die Pressemitteilung ist für die Presse, wird also in Teilen übernommen und zitiert. Hier muss alles stimmen. Die Eckpfeiler stehen fest, und Schreiberlinge können sich nicht so richtig austoben. Was aber immer geht:

Kraftvolle Satzanfänge, kurze Sätze, top Überschriften – damit wird aus einer öden Pressemitteilung eine *schöne* Pressemitteilung:

Daniel Adolph ist Geschäftsführer der Agentur Jung von Matt Baden-Württemberg und spricht im Unternehmenskommunikations-Podcast meiner Kollegin Tanja Reiners *Senden & Empfangen* (siehe auch Interview) darüber, was moderne Unternehmenskommunikation kann: Überraschen, unterstützen – untergehen.

Damit das nicht passiert, müssen Unternehmen in der Flut an Info-Kanälen Regeln brechen und entweder *dort* kommunizieren, wo es niemand erwartet oder auf eine *Art* kommunizieren, die niemand erwartet, so der Profi.

Und sich durchaus mal zurücknehmen. Auf die erstbeste TikTok-Challenge aufzuspringen oder das Wort Diversity in jedem Satz zu betonen, reicht nicht.

Die meisten Presse-Mitteilungen kommen immer noch zu sperrig daher. Beispiele:

Hugo Boss verdoppelt seine Wachstumsziele fast (Faz.net vom 14.7.2022)

Modekonzern Hugo Boss erreicht sein bisher bestes zweites Quartal. Konzernchef Grieder kommt seinem für 2025 ausgegebenen Ziel schon jetzt sehr nah.

Hugo Boss bleibt unter dem gut seit einem Jahr amtierenden Konzernchef Daniel Grieder auf Erfolgskurs und hat die zuvor schwachen Jahre deutlich hinter sich gelassen.

Hier finden wir schon dreimal den Konzernnamen am Anfang: In der Überschrift, in der Unterüberschrift und am Anfang der Mitteilung. Und dann das hier: „bleibt unter dem gut seit einem Jahr amtierenden Konzernchef" klingt sperrig und umständlich. Warum nicht: „Seit August letzten Jahres ist er Konzernchef. Jetzt will Daniel Grieder...". Und gleich im nächsten Satz wieder ein unnötig kompliziertes Konstrukt: „hat die zuvor schwachen Jahre deutlich hinter sich gelassen"...wieso nicht: „und hat den Konzern nach zwei schwachen Jahren aus der Krise geführt"?

Ebenfalls vom Juli 2022 aus dem Volkswagen-Newsroom:

96 MEB-Zellmodule wiederverwendet: Volkswagen Sachsen koppelt Schnellladepark mit Mega-Powerbank

Darunter ein Foto der Verantwortlichen. Bei diesen Meldungen frage ich mich: Sind die nur für die Fachpresse und Autofreaks? Oder auch für Menschen für mich, die vielleicht mal einen VW kaufen?

Ich verstehe nicht ein Wort dieser Headline. Was sind 99 MEB-Zellmodule? Wieso wurden die wiederverwendet? Was soll mir diese

Das klingt erstmal so fluffig wie ein Hochflorteppich. Trotzdem sind ein paar Worte drin, auf die ich Euch zumindest aufmerksam machen will. Der Einstieg ist gut: Mit einer Frage zieht man die Leute rein. Aber dann kommt zu viel vorausgesetztes Insiderwissen: *Boho* und *Scandi* muss man zumindest kurz erklären, und die schwedische Begrüßung verstehen auch Nicht-IKEA-Besucher leichter, wenn sie wissen, dass hier der minimalistische, lässige Einrichtungsstil aus Skandinavien gemeint ist.

Cleane Holzmöbel, tja, clean hat sich ja überall durchgesetzt. Denken wir an den Ernährungstrend *Clean Eating* oder die *Clean Desk Policy* im Büro. Gemeint ist: Ohne Schnickschnack. Das Wort lässt sich auch übersetzen: Die Kosmetikmarke Jean & Len wirbt für Produkte *ohne Gedöns*. Warum nicht? Und die *Rasselbande* klingt irgendwie altbacken. Jeder weiß, dass bei einem tobenden Dreijährigen, der nicht ins Bett will, auch das cleanste und coolste Himmelbett nichts nützt. In diesem Text stehen zu viele Gemeinplätze. Hier wäre mein Rat an das Text-Team: Noch fünf Minuten mehr Zeit nehmen, um noch mehr Ideen auszubrüten. Die Alltagssituationen genau treffen, anstatt die erstbeste, abgegriffene Assoziation zu verwenden.

Wie wär's denn damit:

Ein Vater, hat seinem Kind für 199 Euro ein Himmelbett gekauft, auf das er 8–9 Wochen gewartet hat (Liefer-Engpass). Jetzt ist es also Abend, und das Kind will nicht ins Bett. Nicht mal in ein schönes Himmelbett. Jetzt wäre mal Zeit für ein klassisches Brainstorming. Warum nicht darauf eingehen, dass sich auch Eltern in dem Bett wohlfühlen und beim Vorlesen mit einschlummern, während im Nebenzimmer der Partner vielleicht schon aufs Essen wartet? Mit einem Glas Wein und in der Hoffnung auf ein bisschen Zweisamkeit? Oder, dass das Bett bei den Übernachtungs-Gästen der Hit ist und alle Kita-Kumpels Klein-Luis um das Teil beneiden?

Oder, dass selbst solch eine Konstruktion mit den Anleitungen des Möbelhauses superleicht aufzubauen ist? Selbst dieser nette, kleine Text klingt besser, wenn man eine Situation beschreibt, die die Leute wirklich in ihrer Lebenswirklichkeit abholt. Niemand sagt mehr „Rasselbande". Das habe ich zum letzten Mal in einem Heinz-Erhardt-Film aus den 50ern gehört. Warum also nicht in die Realität

Meldung überhaupt sagen? Zu viele Fachbegriffe, zu viel Insiderwissen, keine echte News – verschenkt.

Vor allem im Auto-Bereich sind immer noch viele Pressemitteilungen, die zu fachspezifisch klingen. Niemand scheint sich die Mühe zu machen, dieses Fach-Esperanto für normale Kaufinteressierte zu übersetzen.

Im Audi Mediacenter vom 15.7.2022 finde ich diese Meldung:

Baden-Württembergs Ministerpräsident Winfried Kretschmann hat den Audi Standort Neckarsulm besucht und sich dort erstmals persönlich mit Audi CEO Markus Duesmann zur Transformation der Automobilindustrie und des Standorts Neckarsulm ausgetauscht.

Den ersten Teil finde ich noch schlüssig. Nach „besucht" wäre ein Punkt gut, denn so zieht sich das Monstrum über drei Zeilen. „erstmals persönlich ausgetauscht" – was heißt das? Haben die sich noch nie gesehen? Dann muss man das hervorheben: Wenn ein so wichtiger Konzern und der Ländle-Ministerpräsident sich nach vielen Jahren oder Monaten kennenlernen – hier taugt eine kleine Recherche: Verkehren die seit Jahren nur per Mail? Dann kommt das Kennenlernen spät.

Dann die Substantive: „zur Transformation …ausgetauscht". Welche Transformation meinen die? Hin zur E-Mobilität? Dann würde ich das genauso schreiben: *Audi soll mehr E-Mobilität bekommen. Und das hat Auswirkungen auf den Standort Neckarsulm.*

Pressemitteilungen sind im Jahr 2022 immer noch hölzern und gefallen sich in scheinbar korrekten Redewendungen, die rein gar nichts sagen. Zu lange Sätze, zu viele Substantive, zu wenig echte Story. Es ist unglaublich, dass so wichtige Texte immer noch so schlecht formuliert nach draußen gehen.

Personalien-Meldungen

In der Branchenpresse finden wir oft Meldungen über wichtige Personalien-Wechsel im Unternehmen. Wir erfahren also, dass Kollege

X oder Kollegin Y von einem Unternehmen ins nächste wechselt, die Führung hier oder dort übernimmt oder auf eigenen Wunsch ausscheidet. Branchen-Interne lesen diese Meldungen mit Interesse. Sie kennen entweder die Hintergründe oder dechiffrieren, ob jemand gefeuert wurde, keinen Bock mehr hatte oder nicht mit seinem neuen Chef klarkam.

Aber solche Personalien sind nicht nur für ein paar Expertinnen und Experten, die sollen ja viele Menschen erreichen. Warum also sind diese Meldungen immer noch geschrieben wie ein Arbeitszeugnis?

Schon klar, das Handwerkszeug klassischer Nachrichtenmeldungen hat hier Vorrang:

- W-Fragen am Anfang klären
- News schreiben – wer wechselt zu welchem Termin wohin?
- ein Zitat dieser Person, ihrer alten oder neuen Vorgesetzten
- Infos zum Werdegang

Ein Beispiel vom Branchendienst kress.de vom 31.5.2022:

Spannende neue Perspektive (als ob das bei einem Jobwechsel auf dieser Ebene nicht selbstverständlich wäre...): *Corinna Hohenleitner wird Chief Sales Officer der Zeit Verlagsgruppe.*

Das ist die Überschrift. Dreieinhalb Zeilen und eine Headline, die auf jeden Wechsel zutreffen könnte. Weiter geht's:

Corinna Hohenleitner startet zum 1.Juni als neue Chief Sales Officer bei der Zeit Verlagsgruppe. Sie folgt auf Aki Hardarson und wird zugleich Mitglied der Geschäftsleitung. Woher Hohenleitner kommt und was sich Zeit-Chef Rainer Esser von ihr erwartet.

Soweit, so korrekt. Das ist eine Nachrichtenmeldung mit den wichtigsten W-Fragen: Wer, wann, was, wie – nur das Warum bleibt verborgen.

Dann kommt das unvermeidliche Gequatsche, das sich maximal die Frau selbst sowie ihr Nachfolger/Vorgänger durchlesen werden:

„Die Zeit Verlagsgruppe steht für ein einzigartiges Portfolio von allerhöchster Qualität, und sie stellt dank ihrer herausragenden

Innovationsfreude kontinuierlich die richtigen Weichen für die Zukunft. Ich freue mich sehr darauf, meine über 16 Jahre Erfahrung mit Werbekunden im Digitalbereich in ein so spannendes Umfeld einzubringen und Teil der Zeit-Erfolgsgeschichte zu werden". Sagt Corinna Hohenleitner zu ihrer neuen Führungsaufgabe.

Natürlich wird sie nichts Schlechtes über ihren alten Arbeitgeber sagen oder Interna verraten. Trotzdem frage ich mich: Muss das so sein? Niemand Außenstehendes versteht, was die Frau wirklich macht, warum ihr Vorgänger weg ist, was die wichtigste Eigenschaft ist, die sie für diesen Job qualifiziert.

Die Meldung geht noch eine halbe Seite weiter. Da wird ihr Werdegang mit etlichen Fachbegriffen runtergebetet, außerdem kommt noch der Zeit-Chef Rainer Esser selbst zu Wort. Grauenvoll.

In jedem Unternehmen gibt's diese Meldungen.

==Alle spielen dieses Spiel mit, obwohl es kein Mensch versteht.==

Natürlich zeugt es von einem gewissen Stil, sich freundlich über Kollegen zu äußern. Trotzdem sollte das nicht so ein Konzern-Bla-Bla sein. Wie würde ich es anders machen?

Ich würde vielleicht mit der Position anfangen. Chief Sales Officer – was ist das überhaupt? Wir nehmen diese Titel so hin, als gehörten wir alle zu dieser Branche. Wissend nicken können hier nur Fachleute. Alle anderen fragen sich: Was genau macht die Frau, wenn sie ab 1.Juli den Rechner hochfährt?

Kurze Google-Suche: Sie ist für den Vertrieb zuständig, sorgt also dafür, dass Kohle ins Haus kommt. Ein wichtiger Posten, vor allem in einem großen Unternehmen.

Warum also nicht schreiben:

Corinna Hohenleitner leitet ab dem 1.Juli den Vertrieb.

Ihr eigenes Statement könnte auch ein bisschen bunter, menschlicher sein:

Seit 16 Jahren befasse ich mich mit Vertrieb. Ich finde, Verkaufszahlen sind für ein Print-Unternehmen genauso wichtig wie gedruckte Buchstaben. Beides trägt zu unserem Erfolg bei, ohne das Eine gäbe es das Andere nicht.

Warum setzt sich niemand hin und macht sich 5 Minuten Mühe, um das Ganze etwas netter, weniger steif, weniger blutleer zu schreiben?

Hier finden wir wieder die Abspaltung von Berufs- und privater Sprache. Wir ziehen im Geiste einen Trennstrich zwischen unserer privaten und der beruflichen Schreibe, dem Businessdeutsch.

Völlig unnötig: Es geht hier um einen Menschen, der einen neuen Lebensabschnitt – vielleicht in einer anderen Stadt – startet. Eine Frau, die einen guten Karriere-Move hingelegt und jetzt eine Mission hat: für gute Zahlen in einem der größten Pressehäuser des Landes zu sorgen. Warum denn nicht so?

Stellenanzeigen

Oft schlage ich die Zeitung auf und bekomme bei den Stellenanzeigen Schnappatmung: Ich verstehe bei 90 Prozent der Jobs nicht, was dort zu tun ist. Was machen diese Leute, wenn sie sich einen Flat White geholt haben?

==Viele Tätigkeitsbeschreibungen und Anforderungsprofile sind so kompliziert, dass niemand auf Anhieb versteht, was damit gemeint ist.==

Wer soll diese Jobs später machen, wenn sich Unternehmen nicht mal die Mühe geben, das Profil und die Tätigkeiten mit einfachen Worten zu beschreiben?

In der Pandemie gab es ja den Begriff der systemrelevanten Jobs. Plötzlich fragten wir uns alle: Hält mein Job dieses Land wirklich am Laufen? Hätten Menschen Essen und Trinken, Schule und ein Dach über Kopf, wenn es meinen Beruf nicht gäbe? Viele meiner Freunde konnten diese Frage klar verneinen – meist Marketing-Profis oder

Account-Manager, denen plötzlich klar wurde: Wir halten hier eine riesige Luftmaschinerie am Laufen.

Aber, wenn es knallhart darum geht, ob Kranke versorgt, Kinder unterrichtet und Brote gebacken werden, kann man 70 Prozent dieser Jobs ersatzlos streichen.

In Home-Office-Zeiten haben sich viele die Sinnfrage gestellt, wenn sie im dritten Call des Tages saßen. Im Interview mit der Süddeutschen Zeitung sagt der New-Work-Vordenker Frédéric Laloux:

„Als wir unser Zuhause verlassen haben, um zur Arbeit zu gehen, wirkte das alles immer sehr wichtig, gerade auf den höheren Hierarchie-Ebenen. Aber dann saßen wir plötzlich zu Hause fest mit unseren Partnern und Familien oder Mitbewohnern. Und die haben unsere Zoom-Meetings mitgehört und mitbekommen, wie langweilig und sinnlos diese Meetings oft sind."

Dieses Luftblasenschlagen drückt sich auch in der Sprache dieser Jobs aus, wie ich gleich im Kapitel *Business Bullshit* beschreibe. Aber erstmal muss man ins Business *kommen* – und das geht über eine Stellenanzeige, die man idealerweise auch versteht.

Eine Metzgerei hat nicht viel Zeit, herumzuquatschen. Hier gibt es Fleisch und Wurst, und genau das steht auf der Website. Vielleicht noch ein paar Sätze zu Bio und Tierhaltung. Ansonsten wird die Message in Bild und Wort klar kommuniziert.

Auf dem Arbeitsmarkt sprießen seit Jahrzehnten aber die Jobs, die mit abstrakten, vagen Worten beschrieben werden. Interessanterweise verlieren die „White collar worker", also die Büroangestellten, mit den zunehmend ernster werdenden Problemen da draußen an Bedeutung.

Die Krise hat hier etwas verschoben, das auch Philosoph Richard David Precht im Podcast *Lanz und Precht* bespricht: Die Entwertung der Handwerksberufe wird teilweise wieder rückgängig gemacht, das ist auch Thema in Prechts Buch *Freiheit für alle*. Wir haben gesehen, wie angewiesen wir auf Menschen mit handfesten, produzierenden Berufen sind, und wie überflüssig manche Tätigkeiten plötzlich wirken. Festmachen kann man das klar am aufgeblasenen Jargon.

Zunächst einmal läuft die Jobsuche mittlerweile fast nur noch digital. Vorbei die Zeiten, als Papa mit der Zeitung am Frühstückstisch raschelte. Heute finden sich bei Jobbörsen wie Stepstone, indeed, monster.de oder den überregionalen Tageszeitungen die größten Stellenmärkte. Ich habe mich mal bei der Jobbörse der Frankfurter Allgemeinen Zeitung umgesehen und bin bei Marketing-Jobs gelandet. Während Junior-Kräfte eher mit einem saloppen Du angesprochen werden („Du verantwortest den Bereich XY..."), wird es immer formeller, je senioriger, also besser bezahlt, die Stelle ist. Am knorrigsten ist die Sprache, wenn es um den Öffentlichen Dienst geht:

Die Bundesstiftung Gleichstellung sucht zum nächstmöglichen Zeitpunkt eine Wissenschaftliche Leitung für die Gleichstellungsberichterstattung des Bundes (m/w/d). Die Vergütung erfolgt in Anlehnung an Entgeltgruppe 14 des Tarifvertrages für den öffentlichen Dienst.

Die Vergütung erfolgt? Geht's noch unpersönlicher? Warum nicht: *Sie werden entsprechend Gehaltsgruppe 14 des Tarifvertrages bezahlt?*

Die Bundesstiftung Gleichstellung wurde im Mai 2021 durch Gesetz als bundesunmittelbare Stiftung des öffentlichen Rechts gegründet und arbeitet zurzeit mit einem Kernteam am Aufbau der Stiftung. Gesetzlicher Stiftungszweck ist die Stärkung und Förderung der Gleichstellung von Frauen und Männern in Deutschland.

Hier verstehe ich nichts. Warum nicht: *Seit Mai 2021 bauen wir eine Stiftung auf, die die Gleichstellung von Frauen und Männern in Deutschland fördert.*

Sie arbeitet mit Daten und Fakten zu Gleichstellungsthemen und beauftragt Studien. Sie unterstützt den bundesweiten öffentlichen Diskurs zu Gleichstellung. Zudem soll die Stiftung Fortschritte bei der Umsetzung, insbesondere in den Bereichen Gesellschaft, Politik, Wirtschaft und Wissenschaft sichtbar machen und vorantreiben.

Das ist wieder so eine *Was machen die denn genau*-Tätigkeit? Ich stelle mir darunter vor, dass man an Podiumsdiskussionen teilnimmt, viel mit der Presse kommuniziert und eine Schnittstelle zwischen Politik, Presse und Wissenschaft ist. Aber genau wie Millionen anderer

Menschen tappe ich hier völlig im Dunkeln. Warum schreiben sie es nicht genauso hin? Stattdessen:

Die Stiftung wird ein offenes Haus der Gleichstellung, ein Ort der Innovation sein, an dem viele Akteur*innen die Gelegenheit haben zusammenzukommen, sich zu vernetzen und auf einer fundierten Wissensbasis gemeinsam neue Projekte, Kampagnen und Veranstaltungsformate zu entwickeln. Auch die Koordinierung und Begleitung der zukünftigen Gleichstellungsberichte der Bundesregierung und hier insbesondere die Unterstützung der unabhängigen Sachverständigenkommission bei der Erstellung ihres wissenschaftlichen Gutachtens soll in Zukunft in der Bundesstiftung angesiedelt werden.

OMG. Acht Substantive auf knapp sechs Zeilen. Was soll das? Die Koordinierung? Begleitung? Unterstützung? Erstellung? Warum sagen die den Leuten nicht, was ihre Aufgabe sein wird:

Sie koordinieren, begleiten und unterstützen und erstellen.

Das ist konkret, es zeigt, dass auch in offiziellen Stellen Menschen Dinge tun. Es spielt keine Rolle, ob der Bund eine Stelle ins Leben ruft. Selbst, wenn es die KFZ-Werkstatt Huber wäre: **Menschen tun Dinge.**

In dieser Stellenanzeige wird zwar gegendert (wenngleich nur von Männern und Frauen die Rede ist). Trotzdem stehen Interessierte vor der Aufgabe, diese Sätze zu entschlüsseln.

Die Aufgaben sind:

- *Leitung des Bereichs Gleichstellungsberichterstattung der Bundesstiftung Gleichstellung zur Umsetzung des Gleichstellungsberichtes der Bundesregierung*
- *Koordinierung der unabhängigen Sachverständigenkommission des Gleichstellungsberichtes*
- *Anleitung eines wissenschaftlichen Teams zur Unterstützung der unabhängigen Sachverständigenkommission zur Erstellung von Gutachten zur Gleichstellung in Deutschland*
- *Vergabe von anwendungsorientierten Forschungsprojekten und Gutachten*
- *Projektcontrolling, Budgetsteuerung und Personalführung*

- *Enge Abstimmung mit den weiteren Bereichen der Bundesstiftung Gleichstellung zur Erzielung von Synergien*
- *Intensive Zusammenarbeit in der Bundesstiftung mit dem Bereich Wissen, Beratung und Innovation*
- *Information und Mitwirkung bei der Gremienarbeit der Bundesstiftung*

Und spätestens jetzt wird klar: Aus fast jedem Substantiv könnten wir ein Verb machen:

Sie leiten, koordinieren, vergeben, stimmen sich ab und arbeiten zusammen, Sie informieren und sitzen in den Gremien.

Eine Ausnahme sind feststehende Fachbegriffe wie Projektcontrolling, die so und nicht anders heißen, damit sie von allen verstanden werden.

Ich bin sicher, der ausgeschriebene Job ist hochinteressant. Ich glaube, man kann hier spannende Projekte betreuen, interessante Leute kennenlernen und die Gesellschaft ein bisschen besser machen – und das bei finanzieller Sicherheit und guter Bezahlung. Würde ich das verstehen, würde ich mich bewerben. Auf den Text hier oben nicht.

Außerdem stellt sich die Frage: Welches Personal ziehe ich durch solche Texte an? Leute, die ebenso knöchern und umständlich sind? Oder Leute, die dieses Schauderwelsch übersetzen und nach draußen vermitteln? Macht die Anzeige Lust auf den Job? Oder fühlt sie sich eher an wie eine mehrtägige Wurzelbehandlung mit Tarifbezahlung?

Ich kann diese Stellenanzeige nur als Abschreckungsmittel bewerten.

Inklusive Sprache in Stellenanzeigen

Zum Thema Gendern kommen wir in einem späteren Kapitel im Buch ausführlich. Wichtig ist mir hier nur:

==Auch Behörden haben verstanden, dass alle Menschen sich angesprochen fühlen wollen.==

Alle Hautfarben, alle Geschlechter, alle kulturellen Hintergründe.

Und: Es muss glaubhaft sein. Ich muss ihnen abkaufen, dass das nicht nur ein Lippenbekenntnis ist, sondern, dass sie wirklich Lust haben auf eine vielfältigere Arbeitswelt und ein offenes Haus.

In den USA und Deutschland wurde laut der Seite Goodjobs.de untersucht, dass traditionelle Sprache in Stellenanzeigen vor allem auf Frauen immer noch abschreckend wirkt.

Während Jungen seit frühester Kindheit darauf getrimmt werden, sich kompetitiv zu verhalten, sollen Mädchen eher kooperativ sein. Ist eine Stellenanzeige also auf Wettkampf und Ellbogen getrimmt, fühlen sich Frauen abgeschreckt, weil sie geistig oft noch in diesen Rollenbildern festhängen.

Ich kenne das von mir selbst. Steht in einer Stellenanzeige: *Sie brauchen Stressresistenz, ein hohes Maß an Eigenverantwortung und Belastbarkeit*, bin ich schon abgeschreckt. Alle drei Eigenschaften besitze ich. Trotzdem ruft mein inneres Alarmsystem: Tierisch nervig, Finger weg!

Ein weiteres Ergebnis: 70 Prozent der untersuchten Stellenanzeigen waren männlich, also kompetitiv formuliert. In den MINT-Berufen, also Mathematik, Ingenieurwesen, Naturwissenschaften und Technik sogar 92 Prozent.

So kann man Menschen eben auch ausschließen: In dem man Stellenanzeigen bewusst aus nur *einer* Perspektive formuliert.

> Aber wie setze ich als Unternehmen eine Stellenanzeige auf, die alle einschließt?
>
> - Teamkultur betonen, das nimmt den Rambo-Touch
> - Worte wie *belastbar* und *selbständig* vermeiden
> - m/w/d ist mittlerweile Standard, es steht für männlich, weiblich, divers

Interview mit der Kommunikationsexpertin und Podcasterin Tanja Reiners

Tanja Reiners, 48, hat ein PR-Büro in Stuttgart. Seit 15 Jahren begleitet sie Unternehmen, Agenturen und Verbände in ihrer Unternehmenskommunikation. Ein Schwerpunkt ihrer Arbeit ist die Gesundheitskommunikation. Außerdem produziert sie zusammen mit ihrem Kollegen Malte Eckert Podcasts für die interne und externe Unternehmenskommunikation (www.reiners-kommunikation.de).

Tanja, was schätzt Du – wieviel Prozent der derzeitigen Unternehmenskommunikation in Deutschland ist relevant, klar und verständlich?

Aus meiner persönlichen Sicht würde ich sagen: Verständlich, wenn auch nicht immer schön und fehlerfrei, rund 60 Prozent; relevant etwa 30 Prozent. Ich sehe in der Relevanz fast das größere Problem. Es wird einfach zu viel kommuniziert, was niemanden interessiert, nur die Unternehmen selbst.

Gerade viele Berufsanfänger kennen von Schule und Uni noch das akademische Schreiben und übernehmen das. Welche Gefahr siehst Du da? Muss da mehr Boulevard und weniger Uni rein?

Ich würde die Frage mal umdrehen: Warum lernen wir alle in der Schule schon, dass besonders komplizierte und verschachtelte Sätze ein Ausdruck von Intelligenz und Intellekt seien? Im Studium wird das dann noch mal auf die Spitze getrieben. Das Interessante ist ja, dass es viel schwerer ist, komplexe Vorgänge in einfachen und klaren Sätzen auszudrücken. Das können nur Menschen, die wirklich etwas von Sprache verstehen und sich auch als Übersetzende sehen. Ich finde, ein bisschen Boulevard kann in der Unternehmenskommunikation nicht schaden. Denn am Ende muss der Content ja verkauft werden. Und das kann keiner besser als der Boulevard.

Aber es kommt auch sehr auf die Branche an. Das muss man mit viel Fingerspitzengefühl einsetzen.

Wie konnten sich Schachtelsätze, Fremdwörter und Blender-Ausdrücke so sehr in unserer Unternehmenskommunikation verankern?

Weil es die meisten nicht anders gelernt haben und immer noch viele denken, dass es ein Ausdruck von Eloquenz sei. Und je akademischer die Zielgruppe ist, desto komplizierter wird oft die Sprache.

Wer sind denn eigentlich die Empfänger*innen des Business-Sprech: Fachleute? KollegInnen, die Presse oder einfach Menschen?

Egal, wen ich ansprechen möchte, als allererstes spreche ich immer Menschen an – mit all ihren Bedürfnissen, Emotionen und Befindlichkeiten. Und dann schaue ich, in welchem Sinus-Milieu ist er oder sie unterwegs. Damit meint man in der Marktforschung das Sozialmilieu und die Wertegemeinschaft. Ertappt, das klingt jetzt sehr akademisch (lacht). Heute würden wir sagen: In welcher Bubble befinden sich die Leute? Das ist ganz entscheidend. Ich muss natürlich die Zielgruppe kennen und mich für sie ernsthaft interessieren. Wenn ich meine Kommunikation beispielsweise an Ärztinnen und Ärzte richte, sollte ich ihre Bedürfnisse verstehen. Das bedarf sehr viel Empathie. Wie sind die drauf, was bewegt sie gerade, worüber ärgern die sich? Und natürlich ist auch diese Zielgruppe keine homogene Truppe. Das ist aktuell sehr spannend zu beobachten: Gerade in der Medizinbranche wird oft sehr akademisch kommuniziert. Beobachtet man die Ärztinnen und Ärzte auf Twitter, erlebt man ein ganz anderes Bild.

Kann man belegen, dass schlechte Sprache Business killt?

Jeden Tag. Wenn ein Pressesprecher eine total überkandidelte Pressemitteilung versendet, dann wird er merken, dass es am Ende keiner veröffentlicht und sich niemand für das Thema interessiert, weil es wahrscheinlich keine Journalistin oder kein Journalist versteht. Man muss bedenken, dass die Redaktionen täglich hunderte an Pressemitteilungen erhalten. Man muss denen die Geschichte schon schmackhaft und einfach servieren. Das ist ja das Schöne in der Kommunikation, man bekommt täglich einen Beleg für seine Arbeit. Im schlimmsten Fall gar keine Resonanz.

Viele Unternehmen geben eine Menge Geld für Werbung, Fotos etc. aus. Gilt das auch für gute TexterInnen?

In gute Fotos, Grafik und Werbung zu investieren ist auch sehr wichtig. Eine schöne und professionelle Gestaltung und Bildsprache ist in der Unternehmenskommunikation genauso wichtig wie ein guter Text. Man hört ja auch lieber Menschen zu, die dabei auch noch eine tolle Ausstrahlung haben. Aber es ist richtig, dass die gestalterischen Arbeiten häufig besser bezahlt werden als die der Texterinnen und Texter. Und gute Schreibende sind sehr rar.

Wie geht das: Sprechbar schreiben?

Indem man sich erstmal genau überlegt, was man kommunizieren möchte. Was ist wirklich relevant und erzählenswert? Sich von unwichtigen Inhalten trennen und sich auf das Wesentliche fokussieren. Dann überlegt man, wie man die wichtigen Aussagen einbindet – in eine Geschichte oder ein Interview. Und dann geht es los: Man sollte möglichst viele Nebensätze vermeiden. Öfter mal einen Punkt setzen. Nicht zu viele Adjektive verwenden. Keine Füll- und Verlegenheitswörter benutzen, die keinen Aussagewert haben und Texte aufblähen. Sich trauen, kürzere Texte zu schreiben als vorgegeben. Und keine falschen Wortkreationen wie „vorprogrammiert, zurückerinnern oder Unkosten" verwenden. Ich finde es sehr hilfreich, Texte am Ende laut zu lesen. Dann hört man, ob der Text auch den richtigen Sprachrhythmus hat.

Wo entdeckst Du die größten Baustellen in der Unternehmenskommunkation? Interne Kommunikation? Extern? Social Media?

Das größte Problem ist, dass viele Menschen nicht die eigene Perspektive wechseln können. Die schaffen es nicht, das Unternehmen mal von außen zu betrachten – aus der Sicht ihrer Kunden. Neulich fragte ein Kunde, ob man den neuen Imagefilm nicht in einer Pressemitteilung ankündigen sollte. Wen interessiert das? Spannend wäre, auf Social Media Outtakes von Versprechern oder kleinen Pannen zu posten oder ein paar coole Fotos von den Drehaufnahmen. Da wären wir dann beim Boulevard. Das läuft immer. Man hat also einen Erzählanlass und muss genau überlegen, für welchen Kanal eignet er sich, und wie erzähle ich die Geschichte dort. Das fällt vielen Unternehmen schwer. Gerade mittelständische Betriebe sind überfordert, alle Kanäle zielgruppengerecht zu bespielen. Das liegt auch an den Kapazitäten. Manchmal ist da weniger einfach mehr. Und die interne Kommunikation bleibt natürlich auch oft auf der Strecke. Es wird aber schon besser – auch durch das mobile Arbeiten. Mittlerweile gibt es tolle Apps, mit denen Unternehmen mit ihren Mitarbeitenden kommunizieren können.

Unterscheidet gute Sprache von Unternehmen, ob es um Intranet, Website, Newsletter, Podcast, Blog oder Social Media geht?

Absolut, das ist das, was ich eben meinte. Eine gute Kommunikationsabteilung schafft es, für jeden Kanal und jede Zielgruppe die passende Geschichte zu schreiben oder zu entwickeln – hinsichtlich Sprache, Tonalität, aber auch Relevanz.

In welchen Zwängen stecken Texter*innen in Unternehmen? Sind Konzern-Sprach-Regelungen, One Voice-Policy oder Angst vor Fehlern ein Hemmschuh für gute Sprache?

Ich bin schon ein Fan davon, dass man für die Kommunikation eines Unternehmens ein passendes Wording entwickelt. Denn es stellen sich im Vorfeld ganz viele Fragen, die mittlerweile auch politische Statements sind. Man sollte schon genau definieren: Wie wollen wir als Unternehmen gendern? Mit welchem Personalpronomen sprechen wir unsere Zielgruppen auf den verschiedenen Kanälen an? Wie wollen wir Diversität abbilden? Durch Sprache schaffen wir eine eigene Welt. Bildet ein Unternehmen auf seiner Webseite nur junge Managerinnen ab, erweckt das den Eindruck, dass Frauen hier besondere Karrierechancen haben. Benutze ich in der Sprache nur das maskuline Generikum werde ich als Unternehmen als sehr konservativ wahrgenommen. Dieser Signalwirkung muss man sich bewusst sein.

Zu einer einheitlichen Sprachregelung gehört für mich auch, sich auf eine einfache, verständliche Sprache zu einigen. In der Ausgestaltung sollte aber Spielraum für Kreativität und Vielfalt der Texterinnen und Texter sein. Sonst liest sich nachher alles wie von einem Sprachcomputer. Außerdem macht es keinen Spaß, wenn man nur Textbausteine wie ein Puzzle zusammenfügt. Es ist auch nicht schön, wenn Unternehmen immer wieder mit den gleichen Botschaften und Formulierungen arbeiten. Das kann sehr langweilig und penetrant wirken. Wir haben tatsächlich auch ein Kreativitätsproblem in der Unternehmenskommunikation. Da würde ein bisschen Agenturspirit nicht schaden. Da geht es oft sehr bieder zu, dabei ist gerade dort viel Phantasie gefragt. Aus einer trockenen Nachricht eine spannende Geschichte zu entwickeln, kann anspruchsvoller sein als ein Storytelling für ein cooles Lifestyleprodukt.

Fallen Dir Beispiele zu schlimmen Pressemitteilungen zwischen Geschwätz und Wort-Labyrinth ein?

Man liest das ganz häufig bei Pressemitteilungen zu juristischen Themen. Und da kann man tatsächlich gar nichts machen. Das ist aus meiner Sicht der einzige Bereich, der unantastbar ist. Ich hatte neulich so eine Mitteilung zur Korrektur auf meinem Tisch. Da ging es um eine Klage der Ärzteschaft. Ändert man da ein Wort oder nimmt man einen Nebensatz heraus, geht der juristische Kontext verloren. Die Juristen haben da einen Freifahrtsschein. Grundsätzlich sollte eine Pressemitteilung sehr nachrichtlich, eher nüchterner aber verständlich sein, weil Redaktionen mit blumigen PR-Texten natürlich nichts anfangen können. Das wirkt viel zu werblich. Hier ist es entscheidend, die Botschaft als Nachricht zu verkaufen und nicht als Werbeclaim. Wichtig ist vor allem, dass es ein gutes Thema ist, im besten Fall mit einem aktuellen Bezug. Die eigene Geschichte zu platzieren, wird zunehmend anspruchsvoller. Viele Unternehmen agieren mittlerweile wie Medienhäuser mit eigenen Podcasts, Videos oder Blogs. Im Content-Wettbewerb wird es immer schwerer, nicht unterzugehen.

Wie sollten Unternehmen sprachlich mit Trollen und Shitstorms umgehen?

Professionell und konsequent. Dafür braucht man ein gutes Krisenmanagement und Mitarbeitende, die die Kanäle immer im Blick haben.

Gerade bei Organisationen, die mit kritischen Inhalten arbeiten, wie Parteien oder Verbände. Wenn sich in der Community schlechte Stimmung verbreitet, sollte man freundlich auf die Netiquette hinweisen. Man darf sich selber nie von seiner eigenen Emotion leiten lassen. Ich habe mal eine Social Media-Managerin kennengelernt, die bei Eskalationen in den Kommentaren immer Großbuchstaben als Betonung ihrer Aussage verwendet hat. Das wirkt unglaublich aggressiv, wie „schreien". Wenn jemand die Netiquette verletzt, ausfallend oder diskriminierend wird, sollte man diese Person auch konsequent blocken. Unternehmen müssen aber auf jeden Fall Meinungsvielfalt zulassen.

Du machst auch Gesundheitskommunikation. Wie war rund um die Pandemie die Kommunikation? Wissenschaft will sich ja sprachlich oft abschotten, das ging plötzlich nicht mehr. Alle mussten es verstehen.

Ja, wir hatten alle in den vergangenen zwei Jahren Lektionen in Virologie. Ich denke, dass die Sprache ein großes Problem bei der Pandemiebekämpfung ist. Auch die Medien hatten ja oft Probleme bei der Wiedergabe von Studien oder Informationen der Expertinnen und Experten. Wie häufig hat Herr Christian Drosten auf Twitter etwas korrigieren müssen. Da fehlten oft gute Übersetzende, die beides können – die ein tiefes medizinisches Verständnis haben und genau wissen, wie man das dem Normalo erklärt. Außerdem mussten alle lernen, dass die Erkenntnis von gestern vielleicht heute schon wieder falsch ist. Für Wissenschaftler und Wissenschaftlerinnen ist das Alltag, aber für Menschen mit anderem Bildungshintergrund ist das sehr verunsichernd. Es führt zu Misstrauen. Diese Probleme hätte man mehr thematisieren müssen.

Wie schwierig ist es, sich als Unternehmen sprachlich mit einem eigenen USP zu positionieren?

Dafür muss man erstmal einen entwickeln und überprüfen, ob der wirklich passt. Was sind meine echten Mehrwerte für meine Kunden? Wozu brauchen die mich? Da sind wir bei dem Thema Relevanz. Die Angebote eines Unternehmens müssen entweder für mich ein Bedürfnis befriedigen oder wecken, ein Problem lösen oder mich in irgendeiner Art und Weise inspirieren. Das zu transportieren ist die kommunikative Herausforderung.

Social Media hat die Sprache verändert. Inwiefern?

Rechtschreibung scheint nicht mehr so wichtig zu sein. (lacht) Das ist übrigens eines meiner Lieblingsthemen. Egal wie gechillt und cool die Sprache auf Social Media ist, eine perfekte Orthografie ist für mich ein Muss. Das gehört weiterhin zur Professionalität. Außerdem haben wir da auch alle eine Verantwortung für eine gute Sprachkultur. Auch zwischen Wort und Emoji gehört übrigens ein Leerzeichen. An diesen Feinheiten sieht man als Expertin oft, ob ein Profi am Werk ist. Aber jetzt bin ich bei den Details. Ja, Social Media hat unsere Sprache sehr verändert. Sie ist emotionaler und persönlicher geworden, aber auch oberflächlicher und aggressiver. Wir gehen mit Komplimenten genauso wenig sparsam um wie mit Anfeindungen. Alles ist extremer. Es gibt neue Wortkreationen oder Hashtags, die innerhalb weniger Stunden trenden und Debatten anstoßen. Sprache muss verkürzt werden, damit die Botschaft in 280 Zeichen passen. Twitter ist eine gute Schule. Wir können gerne ein bisschen mehr Social Media in die andere Kommunikation mit übernehmen. Dann werden wir auch verständlicher und einfacher in der Sprache, aber wir sollten trotzdem in den anderen Medien auch die Tiefe nicht verlieren.

Welche Art von Unternehmen hat Dich sprachlich überrascht?

Es gibt ja nicht nur Uni-Sprech, sondern auch Agentur- und Business-Sprech – merkt diese Branche selbst, dass sie oft zu abgehoben und Insider-mäßig daherkommt? Es nützt ja nichts, wenn das nur ein paar Hipster in Berlin-Friedrichshain verstehen.

Jetzt mal konkret – Was muss besser werden in der Unternehmens-Sprache: Überflüssige Einleitungen, Schachtelsätze, zu viele Daten und Fakten?

Vor allem die Fokussierung auf die wichtigsten Botschaften. Ich erlebe es immer wieder in Häusern mit einer unsicheren Führung. Da werden zu Kommunikationsmaßnahmen noch mal alle Abteilungsleiterinnen und -leiter befragt, jeder gibt noch mal seinen Senf dazu.

Alles soll berücksichtigt werden. Das geht immer schief. Natürlich müssen die Fachabteilungen prüfen, ob das inhaltlich alles korrekt ist. Die Unternehmenssprecherin braucht aber am Ende die Autonomie, zu entscheiden, was wirklich relevant ist. Zu viele Informationen und Wünsche verderben am Ende das Ergebnis. Dann fängt man an, hier und da noch etwas reinzuschieben und Sätze zu verschachteln. Das überfordert sowohl die Texterinnen und Texter als auch die Kunden. Also: Mut zur Reduktion und Vereinfachung!

Und was ist immens wichtig: Überschriften? Pointen? Aufhänger? Einstieg? Storytelling?

Alles. Wir sind im digitalen Raum immer in dem Dilemma, dass die SEO-relevanteste Überschrift nicht immer die kreativste ist. Da braucht es auch eine Menge Pragmatismus. Manchmal geht Google einfach vor. Storytelling ist natürlich das A und O. Eine gute Geschichte entwickeln, die die Nutzerinnen und Nutzer mitnimmt, die eine Struktur hat und einer Logik folgt, ist ganz wichtig. Dazu gehört viel Handwerkszeug. Ich empfehle übrigens, viele verschiedene Dinge zu lesen. Das Nachrichtenmagazin genauso wie die Hygge-Zeitschrift oder Yellow Press und auf vielen ganz unterschiedlichen Social Media Kanälen unterwegs sein. Da kann man viel lernen.

Wie ironisch dürfen Unternehmen schreiben?

Witz und Humor an der richtigen Stelle ist immer gut, aber auch da braucht man ein gutes Gespür für die Zielgruppe. Juristen und Juristinnen mögen vielleicht einen anderen Humor als KFZ-Mechaniker oder Mechanikerinnen. Ironie muss verstanden werden, sonst geht sie nach hinten los. Ich komme aus dem Norden, da liebt man Ironie. Ich wohne in Stuttgart, da tut man sich schwer damit. Mit Ironie wäre ich vorsichtig. Der Witz sollte immer eine gewisse Distanz zum Kunden haben.

Was muss müssen gute Kommunikationsmenschen mitbringen außer eines guten Sprachverständnisses?

Für mich sind zwei Dinge ganz wichtig: Neugierde und Empathie. Wenn man in der Unternehmenskommunikation arbeitet, sollte man sich ernsthaft für das interessieren, was das Unternehmen macht und neugierig auf neue Themen sein. Wenn man an der Oberfläche bleibt und die ganze breite Themenwelt nicht durchdringt, hat man am Ende nichts zu erzählen. Empathie ist auch wichtig: Ich muss mich wirklich in die Zielgruppen hineinversetzen können – wie der Schauspielende in seine Rolle. Wie sieht die Welt einer Architektin aus, mit welcher Sprache erreiche ich sie? Und wie tickt der Naturschützer, wie ist er es gewohnt, angesprochen zu werden? Da muss man ganz nah dran sein. Und das macht aber auch den Reiz der Kommunikation aus. Man erweitert seine Menschenkenntnis dabei enorm. Häufig erlebe ich, wie sich Mitarbeitende über ihre Zielgruppen lustig machen, sich über sie erheben – aus Frustration. Diese Arroganz finde ich problematisch, sie schadet der Arbeit. Kommunikation muss immer auf Augenhöhe stattfinden.

Kannst Du uns 3 goldene Regeln für die Sprache in Unternehmenskommunikation nennen?

Erstens: Die wichtigsten Botschaften herausarbeiten, die wirklich relevant sind. Zweitens: Die passende Sprache wählen, aber einfach, verständlich und kurzweilig. Drittens: Die Geschichte zielgruppenaffin auf dem richtigen Kanal platzieren.

Wie wichtig ist Glaubwürdigkeit?

Aus Unternehmenssicht würde ich von Ehrlichkeit sprechen. Nur wer ehrlich ist, schafft Glaubwürdigkeit. Das ist die Basis für die ganze Kundenbeziehung. Ich bin keine Freundin davon, Fehler zu vertuschen und sich größer zu machen, als man ist. Die Menschen spüren das. Wir sehen doch sehr schön in der Politik, wohin das führt. Hätte Frau Baerbock ihren Lebenslauf nicht getunt und ihr Buch selber geschrieben, wäre die Wahl für die Grünen 2021 anders ausgegangen. Das gilt auch für Unternehmen. Übrigens kann es auch sehr gewinnend für ein Unternehmen sein, sich für einen Fehler offen zu entschuldigen. Das kann die Glaubwürdigkeit erhöhen.

Clean Desk Policy: Sind Business-Anglizismen nicht oft nur Umschreibungen für gar nicht so schöne Zustände? Also die reine Schönrederei?

Ich glaube, das hat einen anderen Grund. Wir lieben einfach die Coolness der englischen Sprache. Es klingt in unseren Ohren lässiger, wenn wir sagen, dass wir noch schnell ins Meeting müssen oder auf der Suche nach dem Purpose sind. Wir mögen die Sprödheit unserer Sprache nicht. Je cooler die Branche, desto mehr Anglizismen. Viele Wörter aus dem Marketing kommen nun mal auch aus den USA – da ist es manchmal schwer, die richtige Übersetzung zu finden. Aber ich sehe auch einen ganz kleinen Trend, der in die andere Richtung geht. Es gibt mittlerweile sogar in der Kreativwirtschaft sehr eloquente Menschen, die aus einem großen deutschen Sprachschatz schöpfen. Und das ganz bewusst. Das gefällt mir.

3 Techniken der Unternehmenskommunikation

Storytelling

Es ist *das* Wort, das alle Kommunikationsprofis seit ein paar Jahren lässig raushauen: Storytelling. Klingt auch viel schöner als Geschichtenerzählen. Viel internationaler.

==Kein Unternehmen, keine Marke kommt heute noch ohne Storytelling aus.==

Was in der Werbung schon längst zündet, hat sich in den vergangenen Jahren auch für Unternehmen durchgesetzt. Alles folgt der Leitfrage: Welche Geschichte erzählst Du als Unternehmen?

Die Akademie Heidelberg gibt auf ihrer Homepage das perfekte Beispiel für gutes Storytelling:

„Es war einmal...!"

Es war einmal ein talentierter und fleißiger Mitarbeiter, Max, der in der Kommunikationsabteilung der Firma „Einzigartig" arbeitete. Jeden Tag bekam er von allen Seiten wichtige Arbeitsaufträge und musste bis zum späten Abend Texte verfassen und redigieren, Interviews vorbereiten, Blogbeiträge verfassen, Bilder auswählen, Veranstaltungen organisieren und Reden schreiben. Dabei war er ganz unglücklich, denn er saß immer nur vor einzelnen Schnipseln, nichts hing zusammen, kein großes Bild war erkennbar. Wenn er privat erzählte, wer sein Arbeitgeber war, konnte sich niemand an Geschichten aus dem Unternehmen erinnern. Jeder hatte ein anderes Bild von der Firma.

Und was ihn auch ganz trüb stimmte: Vor lauter Arbeit kam er gar nicht dazu, einmal in Ruhe über seine Strategie nachzudenken. Da entdeckte er einen interessanten Seminartitel: „Crossmediales Storytelling". „Da muss ich hin!" rief er! Der Vorstand kippte jedoch noch einen Waschkorb voll Texte vor ihm aus, die er zuvor noch für das nächste Kundenmagazin aussortieren sollte: die Guten ins Layout, die Schlechten in die Tonne.

Als er von seiner zweitägigen Inspirationstour an seinen Schreibtisch zurückkehrte, war er wie ausgewechselt. Als erstes pinnte er eine große Unternehmensstory in Form einer bunten Landkarte an die Wand: jeder Schnipsel, den er künftig als „schreiben Sie mal schnell" herein gereicht bekam, wurde dem großen Bild zugeordnet. Jedem Text, jedem Bild sah man sofort an, aus welcher Schmiede es kam. Und mehr noch: sie regten ihre Betrachter und Leser dazu an, zu antworten! Geschichten wurden weitererzählt und herum gereicht.

Die Firma „Einzigartig" konnte ihre Produkte zu höheren Preisen verkaufen, einfach nur, weil es eine Geschichte über sie zu erzählen gab. Talentierte, kluge Köpfe wollten alle bei „Einzigartig" arbeiten und reichten von überall her ihre Bewerbungen ein. Investoren klopften an der Tür und wollten gern Teil haben an diesem interessanten Unternehmen. Und wenn die fleißigen Kollegen von Max nicht gestorben sind, erzählen sie noch heute unnachahmlich aufregende Geschichten.

Das ist das Paradebeispiel für eine gute Unternehmensstory.

Sie bleibt hängen. Sie folgt einer Grundidee. Sie wirkt.

Nach dem „Goldenen Kreis" des Kulturanthropologen Simon Sinek kommt an erster Stelle stets die Frage nach dem *Warum*, erst danach das *Wie* und zuletzt das *Was*. Welche Idee steht hinter der Firma? Sinek glaubt: Erfolg stellt sich erst ein, wenn Unternehmen ihre eignen Motive erkennen. Erst dann hat das Ganze einen Sinn und ein Ziel.

> **Innovative Firmen handeln und kommunizieren von innen nach außen, also vom *Warum* über das *Wie* zum *Was*.**

Sie wissen: Es ist nicht das Runterbeten von Produkteigenschaften, sondern das gute Gefühl, das Menschen anzieht. Und das entsteht in dem Teil unseres Gehirns, der mitten im Hirnstamm liegt und der Ursprung für all unsere Emotionen ist: dem limbischen System.

Gutes Storytelling erzählt nie die *ganze* Geschichte. Es genügt, nur ein kleines, spannendes Detail zu erzählen. Den Rest macht unsere Fantasie. Eine gut erzählte Geschichte catcht die Leute am ehesten, wenn das Storytelling wohldosiert eingesetzt ist.

Für eine Technikbroschüre brauchen Sie kein Storytelling mit Dramaturgie. Aber ganz ohne Gefühl geht es eben auch nicht. Ich muss zumindest wissen, was der Rechner für mich tun kann – und erst dann, was für einen Prozessor er hat. Der US-Kommunikationscoach John Bates mahnt: Fakten und Zahlen spielen keine Rolle, solange sie keine emotionale Verbindung haben.

Hier herrscht das Eisberg-Prinzip. Man sieht nur die Spitze/Pointe. Das große Ganze aber verbirgt sich darunter. Aussparen ist die Kunst. Wie es schon der Meister des Weglassens Ernest Hemingway oder auch Steve Jobs bei der Produktentwicklung taten: Alles Überflüssige weglassen!

Als 6-Wörter-Drama in die Geschichte eingegangen ist Hemingways traurige Shortest-Story: *For sale, baby shoes, never worn.* Der traurige unsichtbare Teil dieses Eisbergs zeichnet sich vor dem inneren Auge und im Herzen des Lesers ab.

Noch ein aktuelles Beispiel: Der Film *Rise*, den man bei Disney Plus streamen kann. Zusammen mit meinem Teenager-Sohn drückte ich ohne jede Erwartung auf *Play*. Denn die Geschichte des Basketballspieler Giannis Antetokounmpo interessiert mich nicht allzu sehr. Eigentlich. Der Film hat aber ein meisterhaftes Storytelling:

Es ist die Geschichte einer nigerianischen Familie: Vier Söhne und ihre Eltern, die als illegale Flüchtlinge in Athen leben, Souvenirs am Strand verkaufen. Die Brüder teilen sich ein Bett und die Basketballschuhe.

Eine Familie, die immer gejagt und ausgegrenzt wird – und heute vier NBA-Basketballspieler stellt, hunderte von Millionen schwer.

Auch Leute, die sich nicht für die Sportart interessieren, lieben den Kampf dieser Jungs gegen alle Hindernisse, das triumphale Happy

End – dabei ist keiner von ihnen älter als 30. So geht gutes Geschichtenerzählen: Verdichten, verknappen, über die Emotionen gehen.

> **Niemand schaltet ab, wenn er mitfiebert oder vor Rührung weint.**

Warum ist Storytelling so wichtig:

- es ist emotional
- es ist interaktiv
- es verspricht etwas
- es beschreibt das *Warum*
- es ist ehrlich
- es erzählt *eine* Geschichte
- es holt die Zielgruppe ab
- es hat einen Handelnden
- dieser hat macht eine Entwicklung durch
- er oder sie kämpft sich durch Hindernisse
- die Entwicklung gipfelt in einem Höhepunkt
- das Versprechen wird eingehalten

Ich saß einmal in einem Redaktions-Workshop, geleitet von Uwe Walter, einem Mann, der hier gleich im Interview selbst unter Beweis stellen wird, warum er Deutschlands Storyteller Nummer 1 ist. Er arbeitet zusammen mit seiner Frau Svenja, die einen der erfolgreichsten deutschen Blogs hochgezogen hat. Der Workshop damals war unter uns Medienleuten gefürchtet – reihenweise Ressortleiter, so wurde ehrfürchtig berichtet, seien schon unter Tränen zusammengebrochen. Es gehe hochemotional zu. Taschentücher mitnehmen, so wisperten Kolleg*innen sich gegenseitig zu.

Oha. Was passierte da? Der Titel Storytelling war damals neu und eher nichtssagend. Die wenigen Infos, die aus den Seminarräumen heraussickerten, waren vage. Klar, Geschichten erzählen, das können alle Medienleute. Doch Uwe Walter wollte, dass wir alle *unsere* Geschichte erzählen. Denn jedes Leben lässt sich auf eine Kernthese verdichten.

Also wurden aus unseren Stories jeweils *eine* Story. Jeder von uns hat sie. Der Familienvater mit der eigenen schlimmen Kindheit, die

Frau, die um die Anerkennung ihrer Mutter kämpft – wir alle haben unser *Warum*. Und wir erzählen besser, wenn wir unsere eigene Geschichte erkennen.

Und Uwe Walter ging nach diesen Anfängen noch weiter, wurde größer und erfolgreicher. Denn er war einer der ersten, die begriffen: Diese Geschichte muss auch ein Unternehmen erzählen können. Und zwar egal, ob mit drei, dreißig oder dreitausend MitarbeiterInnen.

Wer bist Du und was macht Dich aus? Das muss sich jede Firma fragen lassen, die gutes Storytelling betreibt. Bist Du der Auto-Konzern, der trotz eines Abgas-Skandals unermüdlich am guten Image und der sozialen und ökologischen Verantwortung feilt? Bist Du die Fluglinie, die einen schlimmen Absturz zu verzeichnen hat und jetzt wieder Höhenflüge braucht? Jedes Unternehmen hat eine Geschichte und muss sie finden. Narrative Selbstdarstellung in Form von Corporate Stories – nennt Florian Krüger das.

==Die Hirnforschung weiß: Unser Langzeitgedächtnis speichert nur Geschichten ab, die Emotionen auslösen.==

Und die speichert es 22(!) mal besser ab als reine Fakten. Die Werbung hat das schon lange erkannt: Der Spot mit dem einsamen Opi, der seinen Tod vortäuscht, um noch einmal alle seine Verwandten zu sehen? Der Spot über Jugendliche, die in der Pandemie ihr Leben vorbeiziehen sehen – all diese Geschichten haben uns mitfühlen lassen.

Das renommierte Massachusetts Institute of Technology (MIT) hat sich 1997 erstmals damit beschäftigt, wie eine gut erzählte Geschichte Unternehmen hilft.

Sie stiftet eine gemeinsame Identität, zeigt, welche DNA eine Firma hat und hebt sie von der Konkurrenz ab. Und wo finden diese Geschichten statt? Na, auf allen Kanälen – am wirksamsten aber auf Social Media. Es ist schnell, man kann sofort reagieren und gemeinsam mit den Followern an der Geschichte stricken. Und dabei müssen noch nicht einmal Tränen fließen wie bei uns damals im Workshop.

Aber fragen wir den Experten und seine erfolgreiche Blogger-Ehefrau doch einfach selbst...

Interview mit den Storytelling-Experten Svenja und Uwe Walter

Auf Ihrer Homepage heißt es „Kunden gewinnen mit Geschichten" – wie geht das?

Wir haben über Jahrzehnte in Deutschland gelernt, dass sich Unternehmen professionell präsentieren müssen. Das war schon immer todlangweilig, aber Usus. Hauptwortsätze. Passivkonstruktionen. Viele Behauptungen, die auf jeden zutreffen – und damit auch auf keinen. „Wir bieten Service auf höchstem Niveau." Oder „Qualität ist die Grundlage unseres Tuns."

Dann kam die Wende: weg von den Massenmedien als einzigen Sendern, hin zum First Person Storytelling. Plötzlich kann jeder senden. Seitdem haben wir begriffen, dass es viel persönlichere Ausdrucksformen gibt. Dass Authentizität und Werte bei Menschen besser ankommen, als Werbung.

Die Geschichtenform ist deshalb optimal, weil wir uns Geschichten besser merken können. Sie sind für Menschen zugänglicher, leichter zu fassen.

Chris Vogler, der Autor von „The Writer's Journey" hat mir gegenüber mal gesagt: „Wenn ein Mensch über die Straße geht, interessiert das keinen. Sobald wir aber wissen, warum dieser Mensch über die Straße geht, z.B. um jemandem zu helfen, ist unser Interesse geweckt. Dann leuchtet ein komplett anderes Areal in unserem Gehirn auf."

Geschichten über Unternehmen können von außen kommen, Unternehmen können aber auch selbst ihre Geschichte erzählen. Wie?

Wichtig ist vor allem, dass wir überhaupt Raum für Storytelling machen und uns der damit einhergehenden Transformation öffnen.

Denn Storytelling ist maximale Lebendigkeit, da kann man nichts mehr unter den Teppich kehren. Storytelling ist, dem Mitarbeiter zuzuhören, ernst zu nehmen, was er sich wünscht, ihn zu fördern, den Kunden und seine Bedürfnisse zu lieben, auf jede Reklamation persönlich zu antworten, mit dem Bestreben, etwas Positives beizutragen und dazuzulernen.

Wenn man so lebt, denkt und handelt, ergeben sich automatisch Geschichten, die erzählenswert sind und die auf die Marke einzahlen. Und die sind dann so gut, dass man sie nicht immer selbst erzählen muss, sondern dass auch andere sie gern erzählen.

Wer erzählt denn alles Geschichten? PolitikerInnen? Medien? Influencer?

In der schriftlichen Menschheitsgeschichte hat die gesellschaftliche Prominenz aus Adel und Kirche das Storytelling dominiert. Wer die Macht hatte, schrieb die Geschichte. Das ändert sich massiv durch die Demokratisierung in den letzten 100 Jahren und durch die sich selbst steuernde Technologie in den letzten Jahrzehnten.

Jeder Mensch kann das Mikro, die Kamera und das Smartphone benutzen und zu einem neuen Mittelpunkt eines Universums werden. Er schafft eine Welt, die sich im Wortsinn um ihn dreht. Viele dieser Mittelpunkte sind heute so präsent, dass Milliardenunternehmen wie Hugo Boss oder BMW gar nicht mehr ohne diese neuen Drehscheiben existieren können.

Sie beide arbeiten seit 20 Jahren mit Deutschlands großen Konzernen daran, mit Geschichten Reichweite zu erzielen. Warum sind die Geschichten so wichtig? Naiv gefragt: Reichen nicht auch gute Fotos mit einer Caption?

Geschichten erzählt man ja nicht nur mit Texten, Fotos und Videos. Echtes Storytelling vermittelt die Werte, die Haltung, die Bemühungen und die gelebte Verantwortung eines Konzerns. Wenn wir mit Lufthansa die Flugkabine der Zukunft entwickeln, dann geht es darum, dass das Unternehmen sich jeden Tag Gedanken darum macht, wie Menschen sich fühlen, wenn sie reisen. Das ist Dienst am Kunden – und eine Marke, in der wir uns wiedererkennen können.

Wer kontinuierlich so arbeitet, dem ist Reichweite und eine treue Fangemeinde gewiss.

Jede Social-Media-Plattform hat ihre eigene Erzählweise. Können Sie kurz zusammenfassen, was wo gilt?

Aus Storytelling-Sicht gibt es da nur eine Maxime: Erzähl mir etwas Relevantes – und zwar so, dass es mich berührt.

Menschen haben immer weniger Zeit – und treffen auf immer mehr Content. Wenn Du jemanden gewinnen willst, dann lade ihn mit Relevanz ein und löse Emotionen bei ihm aus.

Herauszufinden, was auf welcher Plattform für die eigenen Follower oder Zielkunden relevant ist, sollte jedem, der eine Expertise hat, leichtfallen. Was sind die Fragen, die Dir immer wieder gestellt werden? Feedback, das Du immer wieder bekommst?

Svenja, Sie gehören seit mehr als einem Jahrzehnt zu Deutschlands erfolgreichsten Bloggerinnen. Welche Geschichte erzählen Sie Ihren Followern/Usern?

Ich blogge jetzt seit 14 Jahren – und eigentlich erzähle ich von Beginn an Geschichten, die mich selbst gerade beschäftigen. Früher waren das Rezepte, DIYs und Texte über Partnerschaft und Erziehung. Heute sind es Themen wie modernes Storytelling, Case Studies, Sichtbarkeit – und ganz viele Behind the scenes rund um alles, womit mein Mann und ich erfolgreich sind.

Worauf achten Sie bei Ihren Texten? Was kommt gut an, was weniger?

Vor allem achte ich darauf, meinen Lesern einen klaren Mehrwert zu bieten. Wenn die Frage „What's in it for me" nicht eindeutig und attraktiv beantwortet ist, gibt es keinen Grund, weiterzulesen. Dafür gibt es einfach zu viel Content im Internet.

Sie sagen: Alles ist erlernbar. Gilt das auch für gute Texte?

Absolut. Natürlich gibt es Menschen mit mehr Talent für das Schreiben und solche, denen es schwerer fällt. Aber jeder kann noch besser werden. Grammatik, Satzbau, Wortwahl. Das gezielte Einsetzen von Auslassungen, um Menschen in den Text zu ziehen. Oder von

Emotionen und Körperwahrnehmungen, um nahbar zu sein und die Second Story auszulösen.

Ganz kurz erklärt: die First Story ist das, was ich schreibe, z.B. eine Geschichte über den Garten meiner Kindheit, in dem ich aufgewachsen bin. Wenn ich diese Geschichte gut schreibe, löse ich beim Leser die Second Story aus. Das heißt: Während er über „meinen" Garten liest, hat er „seinen" Garten vor Augen. Wer das beherrscht, kann alles verkaufen.

Können Sie uns drei goldene Regeln für Blog-Texte nennen?

Mehrwert bieten und/oder Emotionen auslösen und für Suchmaschinen optimiert schreiben.

Storytelling ist zum Modewort in den Marketingabteilungen großer Konzerne geworden. Wie füllt man das wirklich mit Leben und verhindert, dass es zur hohlen Phrase verkommt?

Oft wenden Marketingabteilungen Storytelling nur dann an, wenn sie mehr verkaufen wollen. Hauptsache, der Umsatz steigt – aber bitte lasst uns nicht über die menschliche Seite des Lebens sprechen. Aber so ist Storytelling nur bedingt erfolgreich und wenig nachhaltig.

Ein erfolgreicher Flirttrainer hat mir mal erzählt, dass Männer seine Seminare oft nur buchen, weil sie lernen wollen, wie man eine Frau ins Bett bekommt. Denen muss er erst mal erklären, dass jede Frau ein Mensch mit Gefühlen, Werten, Bedürfnissen und Humor ist. Erst wenn das verstanden ist, geht es ans Flirttraining.

Storytelling steht für die Humanisierung der Welt. Deshalb spreche ich mit den Marketingabteilungen meiner Kunden über alle Dimensionen des Storytellings. Die Story des Produkts, des Kunden, des Mitarbeitenden, der Kundenreise, der Retoure. Wir versuchen eine Story zu finden, die so kraftvoll ist, dass wir mit ihrer Hilfe den Hebel begeisternd auf Wachstum umlegen können.

Uwe, wer einmal in einem Ihrer Workshops saß, so wie ich, vergisst das nie mehr. Es war hochemotional – und sehr wichtig für unsere Erzählweise als junge Reporte-

rInnen. **Ist das die Aufgabe von Storytelling? Menschen wirklich bei ihren Gefühlen zu packen? Geht Reichweite also nur über Emotion?**

In Marrakesch bekommen die traditionellen Geschichtenerzähler ihren Lohn erst dann, wenn ihre Zuhörer weinen können – denn nur dann ist die Erzählung relevant. Der unausgesprochene Vertrag lautet: „Berühre mich, damit ich mich erinnere, wie wertvoll das Leben ist."

Auch in meinen Storytelling-Seminaren zeige ich emotionale Geschichten, um den Mantel der Oberflächlichkeit zu durchdringen. Erst dann begegne ich dem wahren, authentischen Kern eines Menschen, aus dem er seine relevanten Erkenntnisse und die Lebenskraft schöpft. Und genau da befindet sich auch seine Erzählmacht.

Wie reagieren Juristen und VWLer im Anzug, wenn Sie ihnen die Heldenreise erklären?

Diesen Menschenschlag begrüße ich gerne mit der Formulierung „menschenähnliche Lebewesen". Dann müssen die Seminarteilnehmer oft lachen, denn ihr Beruf erfordert es tatsächlich oft, das Menschliche und Emotionale hintenan zu stellen.

Unlängst habe ich einem Abteilungsleiter einer Bank die Heldenreise anhand eines zweiminütigen Filmes gezeigt. Plötzlich schaltete er die Kamera im Videocall aus. Dann Funkstille. Auf meine Nachfrage reagierte der Mann erst nach einer gefühlten Minute – dann meinte er, es sei alles gut. Der Film hätte nur so viel in ihm ausgelöst, das hätte er verarbeiten müssen.

Gerade in diesen Berufen ist viel fruchtbarer Boden für Storyteller wie mich. Sie dürfen wieder lernen, die menschliche Dimension vor und hinter der Gesetzes- und Zahlenseite zu integrieren.

Das Jahr 2022 ist geprägt von Unsicherheit und Informationsflut. Welche Unternehmen werden sich auch über diese Jahre hinweg halten, und welche Rolle spielen dabei die Geschichten, die sie erzählen?

Das Geschäftsfeld, das in der Jetztzeit die größte Bedeutung hat, ist die Kommunikation. Jeder, der Kommunikation in seiner Unternehmens-DNA hat, hat Riesenchancen.

Viele Influencer verdienen Geld mit netten Bildern und ein bisschen Blabla darunter. Das wirkt in Krisenzeiten schnell irrelevant. Wie können diese Menschen mit echten Stories ihre Marke stärken?

Die Frage muss eher lauten: Wie viele dieser Influencer werden *auf Dauer* Reichweite erzielen können und deshalb relevant bleiben? Nicht nur, dass immer neue Talente auf den Markt drängen – auch die Plattformen machen Wachstum schwerer und drosseln bewusst Reichweiten. Schließlich ist Sichtbarkeit ihr Geschäftsmodell, da macht es absolut Sinn, ein Preisetikett an die Reichweiten zu tackern.

Wir selbst haben unsere Wurzeln in der Beratung von Medienhäusern, vor allem Fernsehsendern. Weit über 500 Formaten haben wir zu mehr organischer Sichtbarkeit verholfen. Und können deshalb mit Sicherheit sagen: Wer will, dass Menschen einschalten – egal ob bei RTL oder bei Instagram – der muss sich, genau wie Du sagst, über kurz oder lang mit Storytelling auseinandersetzen.

Auch hier reicht es aber nicht, Storytelling als Tool zu verwenden. Das Publikum ist anspruchsvoller geworden. Es spürt, ob Du echt bist. Ob Deine Erzählweise, Deine Werte, Deine Lebensauffassung für sie motivierend und inspirierend sind. Storytelling ist nicht ein neuer Hut, den ich am Strand aufsetze und den ich dann mit einem Affiliate Link versehe. Storytelling ist das, was Dich ausmacht. Dein Wesenskern, Deine Persönlichkeit, Deine Weltsicht.

Jung und hübsch zu sein wird sicher immer eine Art bleiben, Aufmerksamkeit zu bekommen. Aber es ist nicht die Art, die dauerhaft Dein Herz füllt. Am Ende geht es immer um dasselbe: zu lieben und geliebt zu werden. Wer das mit seinem Storytelling bedienen kann, der hat gewonnen.

Fällt Ihnen jemand aus der Social Media-Branche ein, der das Metier meisterhaft beherrscht?

Social ist eine sehr egogetriebene Welt, so wie es jedes Massenmedium davor auch war. Oft sind es die kleinen, nischigen Accounts, die ihren Followern nachhaltig etwas mitgeben und ihren Sendeplatz im Internet mit Herzblut füllen.

Die Headline

Thilo Baum schreibt: *Wenn es um gute Überschriften geht, sollten wir mehr mit dem Bauch denken als mit dem Kopf.*

Das sehe ich ähnlich:

> **Eine Kracher-Überschrift ist das Einzige, was mit einem guten Foto mithalten kann.**

Sie bleibt im Gedächtnis und löst Gefühle bei uns aus.

Baum schreibt, man solle nur das Nötigste sagen – so, als sei der Handyakku bald leer. Niemand salbadert herum, wenn er nur noch drei Prozent hat.

Außerdem muss die Headline eine glasklare Botschaft haben und nicht in jedem zweiten LinkedIn-Artikel so oder leicht abgewandelt zu finden sein.

Oft sitzen wir als TV-Menschen im Schnitt und produzieren lange Beiträge. Sollen wir dann am Ende mit *einem* Satz zusammenfassen, worum es geht, wird es schwierig – und zwar dann, wenn wir die Thesen von Anfang an nicht klar festgezogen haben.

Die Story ist fertig. Aber, was wir eigentlich erzählen wollten, ist in einem Meer an Infos untergegangen. Versucht man, jetzt noch die Hauptthese anzuwenden, kommt man ins Straucheln. Alles 1000Mal erlebt...

Die Headline am Ende zu schreiben, sagt Thilo Baum, ist die Umkehrrechnung in Mathe: Habe ich eine saubere Geschichte erzählt, wird die Headline darauf passen wie ein Tinder-Super-Match. Falls nein, muss ich nach einer anderen Überschrift suchen, die neugierig macht, alles zusammenfasst und am besten suchmaschinenfreundlich ist.

> Was muss ich also beim Schreiben einer Headline beachten:
> - Kurze Sätze schreiben: Zuerst würde ich einen kompletten Satz festhalten und als Arbeitstitel nutzen – dann alles Unnötige wegstreichen und schärfen

- Magische Worte finden: *Glück, Gelassenheit, Traumfigur, Fahrspaß* – es gibt viele schöne Worte. Fragen Sie sich selbst, ob Sie auf *für 100 Euro an den Traumstrand* nicht eher anspringen würden als *günstiges Urlaubsangebot*
- Zahlen schreiben: *30 % weniger Benzinkosten, in 6 Schritten zum Sixpack* etc. Die Leute wollen einen konkreten Mehrwert
- Neugier wecken: Die beste Gegenfrage lautet: Würden Sie unter dieser Headline weiterlesen? Falls ja, bingo! Falls nein, ist sie zu lang, zu öde, zu hölzern, zu austauschbar.
- Unterüberschriften sind gut für ein paar Extra-Infos. Beispiel: *Schwamm drüber oder Lack ab? – 7 Fehler, die Sie beim Autowaschen nicht machen sollten* oder *Sex und hopp – woran Sie merken, dass er nur das Eine will*
- Keine Text-Bild-Schere: Dass das Foto exakt zur Überschrift passen sollte, versteht sich von selbst. Vom TV kenne ich die Regel: Auf die Bilder texten, sonst sind die Leute verwirrt.
- Keywords nutzen: Search Engine Optimization (SEO) ist der Richtwert für alle, die online Texte verfassen. Sie wollen gefunden werden! Und das geht mit *Fleckenreiniger für Orient-Teppiche* besser als mit *Wie bekomme ich meinen Teppich sauber?*

Usergerechtes Schreiben auf Social Media

Kein Unternehmen, egal wie klein es ist, kommt heute noch ohne Social Media aus. Dabei geht die Unternehmenskommunikation zum ersten Mal nicht nur in eine Richtung: Vom Unternehmen zu den Menschen – sondern auch umgekehrt: Aus Nachrichtenkonsument*innen werden, so schreibt Marco Hillmann, Meinungsproduzenten sowie Stichwort- und Impulsgeber für die Unternehmen.

Follower und User wählen selbst, was für sie relevant ist. Was weder Mehrwert noch Entertainment bringt, kann weg.

Jeder Mensch mit einem Handy kann einen Shitstorm oder einen Hype auslösen. Und Firmen sind gut beraten, sich mit ihrer Social Media-Abteilung brillant aufzustellen. Hier ist immer noch Nachholbedarf, denn viele Unternehmen verfahren immer noch nach der Methode „Lass das mal den Prakti machen, der kriegt wenig Kohle und hat das mit Instagram drauf." Langsam begreifen aber alle, dass es sich lohnt, die besten, schnellsten und findigsten Leute für faire Bezahlung in die eigene Social Media-Abteilung zu setzen.

Was aber ist mit Social Media genau gemeint? Facebook, Instagram, LinkedIn, Twitter, Snapchat, Pinterest, Truth Social, TikTok, Podcasts – um hier mal die Wesentlichsten zu nennen. In der klassischen Unternehmenskommunikation gibt es für Social Media immer noch die sperrigsten Definitionen. Ich nehme sie deshalb mit in mein Buch, weil ich sie für nicht zielführend halte: Gestelzt, unverständlich, voll mit Substantiven und Schachtelsätzen. Studierende der Kommunikationswissenschaften stolpern also erstmal über solche Satzmonster, bevor sie sich der eigentlichen Arbeit widmen können: Content schaffen. Die Fachgruppe Social Media des Bundesverbandes Digitale Wirtschaft (BVDW) definiert den Begriff Social Media so:

„Social Media sind eine Vielfalt digitaler Medien und Technologien, die es Nutzern ermöglichen, sich untereinander auszutauschen und mediale Inhalte einzeln oder in Gemeinschaft zu gestalten. Die Interaktion umfasst den gegenseitigen Austausch von Informationen, Meinungen, Eindrücken und Erfahrungen sowie das Mitwirken an der Erstellung von Inhalten. Die Nutzer nehmen durch Kommentare, Bewertungen und Empfehlungen aktiv auf die Inhalte Bezug und bauen auf diese Weise eine soziale Beziehung untereinander auf. Die Grenze zwischen Produzent und Konsument verschwimmt. Diese Faktoren unterscheiden Social Media von traditionellen Massenmedien. Als Kommunikationsmittel setzt Social Media einzeln oder in Kombination auf Text, Bild, Audio oder Video und kann plattformunabhängig stattfinden."

Puh. Wer schreibt sowas? Warum gibt es dafür eine Fachgruppe? Alleine diese Definition würde ein ganzes „Wie schreib ich's besser?"-Kapitel füllen. Ist das Stoff, der im Studium abgefragt wird?

Muss das aus juristischen Gründen so formuliert sein? *Eine Vielfalt? Umfasst? Die Erstellung von Inhalten? Stattfinden?* Ernsthaft? Hier ist so ziemlich alles drin, was Social Media *nicht* ausmacht. Stattdessen haben Soziale Medien Tempo und eine klare Message.

Ich bin Jahrgang 1972 und eigentlich alles andere als eine Digital Native. Trotzdem oder gerade deshalb liebe ich die neuen Möglichkeiten, sich über Social Media klar auszudrücken. Niemand kommt hier mit umständlichen Sätzen weiter. LinkedIn mag hier noch eine Ausnahme sein, weil das Business-Netzwerk explizit zum Austausch beruflicher Nachrichten gedacht ist. Überall sonst **haben die Worte harte Konkurrenz durch Fotos und Videos – und müssen deshalb umso klarer und stärker sein.**

Natürlich muss sich jedes Unternehmen erst einmal klarmachen: Für wen posten wir? Was sind das für User da draußen?

Wie Marco Hillmann schreibt, legt sich das amerikanische Forrester Research Institute auf **sieben Typen von Social Media Nutzern** fest:

1. Spectators (70 Prozent). Zuschauer und Leser
2. Joiners (59 Prozent), die Mitmacher. Sie haben ein eigenes Profil und besuchen auch die Seiten anderer User
3. Critics (37 Prozent). Sie sind aktiv, kommentieren, bewerten
4. Conversationalists (33 Prozent): Sie posten regelmäßig, geben Status-Updates und kommunizieren mit anderen Usern
5. Creators (24 Prozent): Kreative und Influencer, Blogger, Podcaster etc.
6. Collectors (20 Prozent). Sammler, sie lesen Newsletter, haben Feed abonniert und machen bei Online-Votings mit
7. Inactives (17 Prozent). Das sind die Zaungäste

Für Unternehmen gelten strengere Regeln als für Privatpersonen. Besonders wichtig ist hier, dass diese Posts ehrlich, höflich, korrekt, professionell sind und sich im gesetzlichen Rahmen bewegen.

Die restlichen Zutaten für **Content, der durch die Decke geht**, sind dieselben wie bei jeder Influencerin. Er ist

- aktuell
- relevant
- wird geteilt
- polarisiert
- generiert Likes
- ist suchmaschinenoptimiert
- ist gut fürs Image

Erfolgreiche Influencer haben das begriffen – viele Unternehmen noch nicht. Hier wird immer noch gelabert und mit Sprachhülsen geblendet.

Business Bullshit

Wie kommt der ganze Bullshit in die Business-Sprache? Ist es wirklich möglich, dass börsennotierte Konzerne sich freiwillig überbezahlte und untertalentierte Textkräfte ins Haus holen?

Thilo Baum sagt in seinem Buch *Schluss mit förmlich*:

Es liegt nicht nur am sprachlichen Unvermögen, sondern vielmehr an Angst. Angst, etwas falsch zu machen, das Unternehmen zu blamieren, eine Gruppe zu diskriminieren.

Hier stimme ich 100 Prozent zu. Schlechte Texte sind nur zum Teil mangelndes Talent. Zum Großteil aber ist mangelnder Mut die Ursache. Von Eile und Schlampigkeit mal abgesehen. Dabei wissen alle: Was ein Unternehmen sagt, ist wichtig. Wer es aufschreibt, offenbar nicht so sehr. Viele Texterinnen und Texter sehen sich als Dienstleister, die das Gewünschte termingerecht abliefern.

Autoren, die einem Text einen eignen Stil verpassen, sucht jeder – und will sie am Ende doch nicht bezahlen.

In vielen Unternehmen zählen die Schreibprofis nicht so viel wie die Marketing-Leute. Und auch in vielen Medien hat eine schleichende Entwertung der eigentlichen Arbeit stattgefunden. Während überall scheinbar Content King ist, ist der Text-Content bei Zeitungen, Radio und bei manchen Fernsehsendern oft nur noch eine Ware, die lieblos zusammengeschustert wird. Anschließend sorgt ein Heer an Menschen dafür, dass diese Ware weitervermarktet, verkauft, beworben, abgerechnet wird.

Das schlägt sich in der Bezahlung und Wertschätzung all derer nieder, die die Keimzelle des Ganzen sind: Die Schreiberinnen und Schreiber. Dasselbe gilt für den Printbereich, beim Radio ist es sicher nicht anders. Die Leute, die rausgehen und die Geschichten finden, die sie erzählen, aufschreiben und vertonen, stehen in der Hierarchie (ein paar hochbezahlte Autoren sind die Ausnahme) ganz unten, werden in der Regel schlechter bezahlt und sind in wichtigen Meetings nicht dabei. Verwalten steht über Machen.

Aber: Wenn wir, die Geschichtenfinder, nicht mehr liefern, gibt es auch nichts zu vermarkten. Wenn wir keine guten Texte schreiben, klingt alles gleich. Und trotzdem nehmen wir in Kauf, dass Controller besser bezahlt und höher angesehen werden. Sicher, auch diese Seite des Medienmachens ist wichtig. Doch wir haben zugelassen, dass die Produktion und die Verwaltung im Verhältnis zu dem, was wir tun, übermächtig geworden sind.

Die schreibende Zunft ist in vielen Medien ins Prekäre abgerutscht, während Business-Blabla immer wichtiger wurde.

==Die Sprache ist hier ein wichtiges Distinktionsmerkmal, um den Medien-Adel vom produzierenden Pöbel abzuheben.==

Kein Radioreporter und keine Zeitungsredakteurin, kein TV-Autor und keine Filmemacherin würde Sätze sagen wie „da müssen wir alle ins Boot holen". Das sind aus der Wirtschaft entlehnte Floskeln, die in Redaktionen die Runden machen und Zugehörigkeit schaffen, wo Handwerk fehlt.

Diese Floskeln kommen meist aus dem mittleren Management. Jeder von uns hat sie schon einmal irgendwo gehört, gelesen – im schlimmsten Fall verwendet. In vielen Chefetagen und in der Business-Class kann man mit diesen Floskeln Eindruck schinden. Überall sonst nicht.

Ich habe hier mal die wichtigsten Business-Bullshit-Versatzteile zusammengetragen: Hier wird viel gesprochen und wenig gesagt. Mitquatschen ist alles. Der Soziolekt ist eine Sprache fürs Gruppengefühl, manchmal geht es aber eher um das Vortäuschen von Arbeit. Hier steht eine Armee an Betriebswirten, Planern und Excel-Weltmeistern, die gelernt hat, in einer Sprache zu sprechen, die nichts sagt. Jens Bergmann schreibt in seinem launigen Buch *Business Bullshit:*

Unternehmen sind so etwas wie die Superspreader von Bullshit.

Der Organisationsforscher Andre Spicer stellt fest: *Während des 19. Jahrhunderts entwickelten wir Systeme für Massenproduktion, Distribution und Konsumption von Gütern. Im 20. Jahrhundert wurden auch Dienstleistungen industrialisiert. Im 21. Jahrhundert ist Bullshit industrialisiert worden.*

Der Brite mit neuseeländischen Wurzeln ist Professor an der University of London und kann uns trösten. Bullshitting ist nämlich nicht immer nur schlecht, es erfüllt sogar eine wichtige Funktion: Bei erfolgreichem Bullshitting entstehe so zwischen den Beteiligten ein Konsens, eine Überstimmung in der Sache, die jedoch oberflächlich bleibe. Solange alle mitspielen, ist Bullshitting erfolgreich und gut für Image und Selbstvertrauen. Es sollte allerdings nicht ausufern.

Genau das aber kann die Folge erfolgreichen Bullshittings sein, denn es verführe dazu, weiter zu machen. In Organisationen könne es auf diese Weise zur Routine werden, schreibt Spicer. Das könne so weit gehen, dass Angestellte beginnen, ihren eigenen Job für Bullshit zu halten. Beginne ein Unternehmen, auch in der externen Kommunikation zu bullshitten, könne das zu Problemen führen, bis hin zum Verlust der Glaubwürdigkeit.

Wir sehen, es ist dünnes, kommunikatives Eis, auf dem selbst DAX-Konzerne laufen. Es geht gut, solange alle mitmachen. Sticht einer mit der Nadel in den Ballon, entweicht die Luft mit einem Knall.

Mittlerweile ist unser Arbeitsplatz nicht mehr nur der Ort, an dem die Kohle verdient wird, die den Lebensunterhalt finanziert. Nein, unser Arbeitsplatz ist jetzt psychologisch aufgeladen. Er ist fair und divers, nachhaltig und sozial verantwortlich, besteht aus harmonischen Teams und einer offenen Fehler- und Feedbackkultur, bietet Resilienzworkshops und Yoga, also das rundum-Wohlfühl-Paket.

Als ich beim TV-Sender anfing, gab es einen sehr rustikal agierenden Masseur, einen Süßigkeiten-Schrank und immer genügend Anlässe, um mit dem Team einen trinken zu gehen. Es gab einen Chef oder eine Chefin, die die Ansagen machten. Basta.

Heute bleiben alle nüchtern und achtsam und bilden eine flache Hierarchie, bei der jeder versucht, die Gedanken der Vorgesetzten vorherzusehen.

==New Work ist jetzt der heiße Scheiß, morgen ist es etwas Anderes. Die äußeren Umstände ändern sich. Die schlechte Sprache bleibt.==

Das ABC des Business-Bullshit

360 Grad-Feedback. Beliebte Foltermethode, um Kollegen aller Hierachie-Ebenen zu grillen. Vor allem Therapeuten verdienen daran.

Achtsamkeit. Von der Boomer-Generation beim Töpfern in der Burnout-Klinik erlernt, heute serienmäßig eingebautes Frühwarnsystem, das Hunger, Durst, Müdigkeit, Überanstrengung und Langeweile schon in einem Mümümü-Bereich anzeigt, den andere nicht mal wahrnehmen.

Agil. Excels am Strand schreiben oder eine Präse auf dem Balkon? Seit Corona können alle überall arbeiten. Klingt erstmal gut, kann aber ein echter Alptraum sein. Denn das Gegenteil von agil heißt Auszeit.

Alle ins Boot holen. Satz, mit dem sich Menschen in Konzernen absichern wollen, falls sie eine Murks-Entscheidung treffen.

Aufsetzen. Alles wird aufgesetzt. Eine Präse, ein Lächeln, ein Cap.

Authentizität. Nicht nur verhaspeln sich *alle* bei diesem Wort. Es hat auch eine traurige Bedeutung, die eigentlich selbstverständlich sein sollte: Sei einfach Du selbst.

Benchmark. Messlatte. Benchmark klingt aber besser.

Big Picture. Idee einer Person, dass nur sie den großen Zusammenhang sieht. Meist liegt sie damit falsch.

Brainstorming. Sinnlose Veranstaltung, bei der zu viele Menschen mit Kaffeemundgeruch schlechte Ideen generieren, für deren Erzeugung zwei Leute und ein Mittagsspaziergang genügt hätten.

Buzzwords. Hippe Begriffe, die eine Zeitlang alle sagen, um ihr Zugehörigkeitsgefühl zu demonstrieren.

Call. Das New Normal am heimischen Schreibtisch. In 20 müde Gesichter starren, während die Kinder sich Platzwunden holen, der Amazon-Bote Sturm klingelt und die Nudeln überkochen.

CEO. Capo. Er hat den Größten (Wagen) und einen Parkplatz vorm Haus.

Challenge. Völlig unlösbare Aufgabe.

Change. Entlassungen, völlig irre Programme, für die man drei Schulungen benötigt, ein System, das alle an den Rand des Wahnsinns treibt. Change heißt: Anschnallen, es rüttelt gleich richtig!

Coaching. Macht jeder, der irgendwo rausgeflogen ist. Gnadenhof der Boomer.

Compliance. Hätte früher der gesunde Menschenverstand geregelt, klären heute ganze Abteilungen.

Content. Alles, was läuft, gepostet, gesendet und geschrieben wird. Nicht zu verwechseln mit Inhalt.

Corporate Social Responsibility. Um es mit Elon Musk zu sagen: *I support the current thing.*

Co-Working. Ein schicker Loft, 10 Menschen mit völlig unterschiedlichen Berufen, die versuchen, sich nicht allzu sehr gegenseitig auf die Nerven zu gehen und die mitgebrachten Döner, Hunde und Kinder der anderen nicht zu sehr zu hassen. Auf Insta sieht's gut aus.

Damit bin ich fein. Zeit fürs Lunch.

Deep Dive. Einladung zum Grillen. Allerdings gibt's kein Fleisch.

Disruptiv. Absichtlich herbeigeführtes Erdbeben, das oft leider einen Tsunami an ungewollten Entwicklungen verursacht.

Diversity Manager. Ist zuständig für alles, was Menschen mit verschiedenen Hintergründen und Geschlechtsidentitäten zusammenführt. Ein Tanz auf dem Vulkan. Denn einer ist immer sauer.

DNA. Überstrapazierter Begriff, der nichts anderes benennt als den Kern einer Unternehmensidee.

Edginess. Schüttelt den Freak-Baum, wir müssen origineller werden!

Evaluierung. Abschließende Untersuchung, die den Effekt einzelner Schritte auswertet. Macht so gute Laune wie eine Wurzelbehandlung.

Excellence. Jemand, der auf seinem Gebiet ein Crack ist. Andererseits: Würde jemand damit werben, auf seinem Gebiet eher so mittelgut zu sein?

Feedback. Siehe Wurzelbehandlung.

Fehlerkultur. Meist dort besonders oft verwendet, wo auf keinen Fall Kritik geübt werden darf.

Flow. Schöner Zustand, der bei der Arbeit oder einem Hobby immer herrschen sollte. In der Realität aber erst nach den ersten zwei Hafer-Lattes und kurz vorm Mittagessen.

Gewerke. Alle Abteilungen, die bei einem Projekt mitquatschen, die CC-Zeile verstopfen, in jedem Kick-Off dabeisitzen, ohne dass jemand wüsste, wer sie sind.

Human Resources. Personalabteilung. Immer noch Leute, mit denen man am liebsten (genauso wie mit Lehrerinnen und Vermietern) so wenig wie möglich zu tun hat, was dadurch erleichtert wird, dass sie sind wie Baumarkt-Mitarbeiter: Nie da, wenn man sie braucht.

Ich setz Dich cc. Bäm, jetzt hängst Du auch mit drin.

Keynote. Eröffnungsvortrag, der richtig ballert.

Kick-off. Viel zu frühes, viel zu großes, viel zu vages Meeting, das Aufbruchsstimmung suggerieren soll, aber nur schlechte Luft bietet.

„Ich stell uns was ein". Kapitulationserklärung nach völlig ineffizientem Meeting mit der klaren Aussicht, dass auch das Follow-up nichts bringt.

Learning. Andere Bezeichnung für „Noch so ein Bock, und Du fegst ab Montag den Hof!"

Luft nach oben. Lausigen Pitch hingelegt? Miserable Präse abgeliefert? Das ist die Klausel, mit der alle aus der Nummer rauskommen, ohne ihr Gesicht zu verlieren.

Mindset. Business-Gegenstück zum Insta-Filter. Braucht niemand wirklich, lässt aber alles schöner aussehen.

Mission Statement. Gemeinsame Marschrichtung, von der 85 Prozent der Mitarbeitenden zum ersten Mal hören.

Nachhaltig. Kann alles und nichts bedeuten, klingt aber so 2022.

New Work. Illusion, dass sich irgendetwas in der Hierarchie verändert, wenn sich alle *ein bisschen* chefig und alle *ein bisschen* unterlegen fühlen.

Offsite-Meeting. Einfach in einen muffigen Mehrzweckraum ein paar Straßen weiterziehen, weil die Kaffeerösterei unten im Haus besser ist – und das als Horizonterweiterung verbuchen.

Optimieren. So last Season. Schon längst hat die Gegenbewegung eingesetzt, die auch Wohlfühlspeckrollen, nerdige Mails und mieses Englisch durchwinkt.

Proaktiv. Übersetzt: Ich mach es, bevor Ihr mich zu Tode nervt. Anwendbar auf Kunden, Finanzämter und hartnäckige Kollegen.

Priorisieren. Das Wichtige zuerst. Erstaunlich, dass man dafür ein Modewort braucht.

Purpose. Die Absicht. Im Business-Sprech ein höheres Ziel. Motivation, die im Unternehmen verankert ist. Kleiner haben sie es nicht.

Relaten. Millennial-Wort. Wer es schafft, dass Menschen einen Bezug zur Firma, zum Produkt, zur Message herstellen, der hat die Nase vorn.

Synergie. Immer, wenn irgendwo im Unternehmen zwei Abteilungen, zwei Ideen oder auch nur zwei Kaffeeküchen zusammengelegt werden sollen, weint am Ende mindestens einer.

Thema. „Hast Du damit ein Thema?" Anzugträger-Jargon für „Alter, gibt's ein Problem?"

Trigger. Modebegriff von Managern, die zu lang beim Psychologen versucht haben, ihre überbehütete Kindheit aufzuarbeiten.

USP. Klingt nach verbalem Trödel aus den 2000ern. Die *Unique Selling Proposition* heißt einfach nur Alleinstellungsmerkmal: Nicht zu verwechseln mit den Jungs, die die Schuh-Pakete bringen.

Wording. Chef-Formulierung, die alle übernehmen müssen. Praktisch für alle, die keine Lust haben, sich perfekte Sätze zu überlegen.

Workflow. Arbeitsaufteilung klingt eben nur halb so *pokebowlig*.

Work-life-Balance. Wenn Du eine Geschäftsreise nach Bochum absagst, weil der Tulum-Trip mit Deinen Mädels wichtiger ist.

Zeitnah. Elegante Umschreibung für „aber pronto". Zeit*fern* gibt es interessanterweise gar nicht.

Zurufen. Steht lustigerweise in einer Mail. Völlig unnötige Ankündigung, dass gleich eine Info kommt, die der Sender verpennt hat, weiterzugeben. Daher die Lautstärke. Gegenteil von rechtzeitig sagen.

Nur Arbeiten? Das war mal. Heute sollen Konzerne auch divers, gendergerecht und nachhaltig agieren. Sie müssen sich für sozial Schwache einsetzen, Geflüchteten helfen und am Strand Müll sammeln. Das alles sind wichtige und ehrbare Anliegen. Aber sprachlich haben wir uns ganz schöne Gefängnisse gebaut: Wir müssen höllisch aufpassen, niemanden auszuschließen, in jeder Aktion den Willen zur Schaffung einer besseren Welt durchblicken zu lassen und überhaupt auf der richtigen Seite zu sein.

> **Im dritten Jahrtausend werden nicht nur Euros verdient, sondern auch Karma-Punkte.**

Uns allen ist klar, dass viel Quatsch geredet wird, dass manche Wortblasen ihren Sinn erfüllen und andere die Arbeit erschweren und verlangsamen, sprich, teurer machen.

Aber wieviel Bullshit ist denn da draußen wirklich? Wie lässt sich das messen – und welche Auswirkungen hat das genau auf unsere Arbeitswelt? Damit beschäftigt sich Lars Behrendt. Der Agenturgründer, Speaker und Buchautor erzählt, wie wir den Bullshit raus aus dem Business bekommen.

Interview mit dem Agenturgründer und Speaker Lars Behrendt

Herr Behrendt, in Ihrer Branche sind Buzzwords Standard. Wie unterscheide ich diese wichtigen Begriffe von „Business-Bullshit"?

Es gibt einen ganz einfachen Weg, Blender von Kennern zu unterscheiden: Dumm nachfragen, ob sie das auch in einfach erklären könnten – man würde das schließlich nicht so schnell verstehen …

Da merkt man in Sekundenbruchteilen, wie sich tolle Begriffe in heiße Luft auflösen.

Es gab mal einen schlauen Mann namens Einstein, der gesagt hat: „If you can't explain it simply, you don't understand it well enough." Und das trifft für unsere Branche ganz explizit zu.

Sie helfen Firmen bei Innovationen. Auch sprachlich?

Das Problem bei tollen Produkten besteht hier darin, dass diese in der Regel von superschlauen Ingenieuren gebaut wurden. Das Aber: Kein Mensch versteht, was diese uns sagen wollen. Wenn man auf diese Weise ein Produkt auf den Markt bringt, ist die Scheiterquote extrem hoch. Menschen können mit technischen Features einfach nicht resonieren.

Deshalb haben wir in unseren Teams immer Storyteller dabei – empathische, einfühlsame Menschen, die zusammen mit Designern und Ingenieuren herausarbeiten, was Menschen wirklich wichtig ist. Und so macht man – stark vereinfacht – aus technisch tollen Dingen am Ende auch erfolgreiche Produkte.

Wer Ihre Seite besucht, findet Tempo, Übersichtlichkeit und eine klare Sprache. Wieso halten sich viele Ihrer Konkurrenten mit verbaler Schaumschlägerei auf?

Viele leben einfach davon, wohlklingende Power-Point-Schlachten zu führen, tonnenweise Post-its in Workshops zu verkleben oder hundertseitige Konzeptpapiere zu verfassen, die nie ein Mensch lesen wird.

Das ist der übliche und gelernte Weg, wie man Dinge angeht. Das ist auch der übliche Weg, wie man aus Mücken Elefanten macht und dafür auch noch gut und lange bezahlt wird.

Mein persönlicher Antrieb besteht aber nicht darin, dass ich „beschäftigt bin" oder „möglichst viel abrechnen" kann. Ich möchte gerne neue Dinge auf die Straße bringen und sie zusammen mit unseren Kunden erfolgreich machen.

Ich liebe es zu sehen, wie Dinge in kürzester Zeit wachsen und sich formen, statt in der Theorie darüber zu reden. Und wenn man das dann über 500-mal gemacht hat, dann braucht man irgendwann auch keine theoretischen Abhandlungen mehr, sondern man macht einfach. Und weil wir zu 100% hinter dieser Arbeitsweise stehen, sprechen wir natürlich genau so.

Was genau ist Business-Bullshit?

Ganz konkret versuchen z.B. Berater, durch wohlklingende Worte und Methoden den Eindruck zu vermitteln, sie wüssten, wie die Welt funktioniert.

Dabei versuchen viele von ihnen letztendlich nur, sich selbst zu bereichern und dabei gut auszusehen. Wenn sie wirklich die Interessen ihrer Kunden im Blick hätten, müssten Sie zugeben, dass vieles deutlich einfacher, schneller und pragmatischer möglich wäre.

Diese Vorgehensweise ist für mich Bullshit. Und der größte Bullshit besteht in diesem Zusammenhang für mich darin, dass Menschen, behaupten, sie wären Experten. Das ist Business-Bullshit, denn es gibt nur einen einzigen Experten da draußen, und das ist der Markt. Alles andere sind Vermutungen.

Jeder von uns stand schon am Flughafen oder Bahnhof und hat Menschen beim Business-Bullshit-Talk zugehört. Warum brauchen Leute das?

Viele sind ja immer auf der Suche nach dem neuesten „Business-Hack" bzw. der Abkürzung zum Erfolg oder der neuen Methode, die ihnen endlich die erhoffte Million oder was auch immer bringt.

Deshalb bekommen Dampfplauderer auch heute immer noch so viel Gehör. Das Problem ist nur: Wenn es wirklich so einfach wäre, erfolgreich zu sein, warum gibt es dann nachweislich immer noch so hohe Scheiterquoten?

In welcher Hierarchiestufe begegnet uns das meiste Blabla?

In der Business-Einsteiger-Blase. Da wird von 25-jährigen Business-Newbies vermittelt, man könne vom Sofa aus und mit ein paar Klicks ein passives Einkommen erzielen. Ich bin immer wieder überrascht, dass dieses Geschäftsmodell noch funktioniert, wobei doch so langsam bei jedem angekommen sein müsste, dass das Blödsinn ist.

Ob auf Social Media oder in der Presse-Kommunikation – welche Unternehmen haben den Dreh sprachlich raus?

Für mich ist klassische Presse-Kommunikation zu ganz großen Teilen einfach vorbei. Kein Mensch interessiert sich dafür, ob die Firma XY jetzt die neue Produktionsstraße in Betrieb genommen hat oder expandieren will.

Auch klassische Magazine verlieren zunehmend an Relevanz – man schafft es, auf Social-Media-Plattformen Reichweite zu bekommen, weil man auch etwas Wertvolles zu sagen hat.

Heute sind es Menschen und nicht mehr Unternehmen, welche die stärkste Resonanz erzeugen. Das ist ein Trend, der auch dazu führt, dass ich keine Medienvermittler wie Magazine oder ähnliches mehr brauche.

Sie haben Kunden aus allen Sparten: In welchen Branchen haben Sie den meisten Bullshit gefunden?

Die Startup-Branche ist da schon ganz weit vorne. Aber auch im Berater-Business wird wirklich viel heiße Luft in blumige Hülsen verpackt.

Ansonsten hat jede Branche ihre lustigen Wortspielchen. Faszinierend ist für mich aber der Spitzenreiter Bundeswehr mit ihren Abkürzungswahnsinn, der Außenstehende wie mich wie dumme Lemminge aussehen lässt.

Geben Sie uns einen Tipp: Wie geht man mit „Bullshittern" um? Enttarnen oder mitspielen?

Ignorieren.

Ist Business-Bullshit eher männlich oder weiblich?

Eigentlich eindeutig männlich. Aber es gibt natürlich auch Frauen, die wunderbar und ausgiebig z.B. auf dem Gender-Thema herumreiten können, ohne jemals irgendwas Substanzielles oder Wirksames von sich zu geben.

Da nutzt man – ähm frau – ganz bewusst das Drehmoment, welches bewirkt, dass keiner was dagegen sagen darf. Likes kassiert man auf diese Weise obendrein. Viel schöner wäre es, einfach mal zu machen: Etwas auf die Straße zu bringen, Menschen zu inspirieren, statt nur ständig zu lamentieren, wie schlecht diese Welt doch ist.

Bei welchen Wörtern stellen sich Ihnen die Nackenhaare auf?

„Agile" ist ganz weit vorne. Aber am „liebsten" ist es mir natürlich, wenn Unternehmen das Wort „Innovation" benutzen, obwohl das letzte halbwegs Innovative war, dass sie 2011 auf Microsoft Office upgedatet haben.

Auch beim Business-Bullshit gibt es Trends. Welcher Trend herrscht aktuell?

„Cut the Bullshit". Ich glaube, Menschen haben wirklich keine Lust mehr auf den ganzen Blubberkram. „Let results do the talking" – das ist und wird immer mehr zum Standard. Hör' auf zu reden – zeig mir Ergebnisse!

Keine Angst vor Englisch. Wieviel kann man den Leuten zutrauen?

Wir machen ja alles auf Englisch, weil wir davon ausgehen, dass unsere Klientel diesem durchaus gewachsen ist. Für uns bedeutet die Verwendung der englischen Sprache u.a. mehr Reichweite.

Viel wichtiger bei der Wahl der Sprache war jedoch die Tatsache, dass Deutschland im Innovations-Entwicklungs-Sektor leider nicht gerade führend ist. D.h. ganz konkret: „Du kannst dich natürlich in deiner Innovations-Bubble in Deutschland bewegen, aber diese ist im Vergleich mit der restlichen Welt wie eine Parklücke."

Sie schreiben Bücher, bieten Bootcamps an. Jetzt mal ganz konkret: „Wie bekomme ich den Bullshit raus aus der Sprache? Radikaler Reset?"

Das wird wohl nicht passieren. Dazu sind Menschen viel zu sehr Herdentiere. Sie gehen dorthin, wo alle hingehen. Sie kaufen von denen, von denen alle kaufen. Solange Menschen also weiter weiter „bullshitty" Business-Phrasen benutzen, werden andere das auch tun – weil „macht man ja so".

Für mich muss sich das auch gar nicht ändern. Sollen Menschen weiterhin hinter Worthülsen verstecken. Wir sprechen demgegenüber lieber Klartext und lassen Ergebnisse für sich sprechen.

Warum lehren Unis immer noch Marketing-Sprech?

Naja, Unis haben ja per se die Problematik, dass sie Wissen von gestern vermitteln müssen. Ich glaube, dass das ganze System der Universitäten nicht mehr zeitgemäß ist.

Wer will schon jahrelang etwas lernen, was entweder beim tatsächlichen Einsatz im Job schon veraltet ist – oder nicht mehr relevant?

Ich glaube eher an kurze intensive Lernimpulse wie z.B. Bootcamps und intensive kompakte Onlinekurse – dann sofort in die Praxis, ausprobieren und anwenden. So lernt man, was wirklich wichtig ist und nicht nur graue Theorie.

Wie sieht die Sprache der Arbeitswelt in Zukunft aus? Mehr Bullshit oder weniger?

Was ich merke, wenn ich mit Führungskräften aus der „ersten Liga" spreche, wie z.B. Vorständen von Aktienkonzernen mit wenigen Buchstaben, aber großen Bilanzen:

Die sprechen Klartext – gespickt mit viel Humor, häufig auch Sarkasmus und Schimpfwörtern.

Das entscheidende: Sie reden so, wie sie auch im Privaten mit ihrem besten Freund sprechen würden. Ich glaube einfach, die Zeit, sich hinter wohlklingenden Worten zu verstecken, ist vorbei.

Klare, einfache Sprache. Persönlichkeit zeigen. Ecken und Kanten zulassen. Weniger Hochglanz, mehr Substanz, das ist die Zukunft.

Sprach-Vorbild Speaker-Szene

Was haben Barack Obama, Theresa May, Sigmar Gabriel und Rene Adler gemeinsam?

Sie alle sind berühmt. Und: Sie alle werden nach dem Ende ihrer eigentlichen Karriere für üppige Honorare als Speaker gebucht.

Seit Jahren schule ich TV-Nachwuchs im Texten. Durch diese Workshops wurde ich mehrmals als Rednerin auf Blogger-Events eingeladen.

==So geriet ich auf den sogenannten Wort-Strich: eine Welt, die aus Sprache ein Business gemacht hat: Die Speaker-Szene.==

Und von der können sich Profi-Schreiberinnen und Schreiber noch eine Scheibe abschneiden. Denn Speaker sind laut Handelsblatt *Leute, die Gänsehaut gegen Honorar bieten.*

Vortragsredner und ihre Ausbilder haben demnach Hochkonjunktur (auch so eine Floskel). Vorstände, Verbände, Eventmanager und Medienhäuser lechzen (der Artikel ist von 2019, aber immer noch aktuell) nach sogenannten Keynote Speakern, die ihnen im Zeitalter der Digitalisierung analog schmissige Botschaften servieren.

Öde Vorträge über Fakten will niemand hören. Wir alle haben keine Zeit zu verschenken. Wer in einer Stunde unterhalten und berühren kann, hat schon gewonnen. Und das Netz ist voll von guten und weniger guten Speakern.

Ex-Spitzenpolitiker sahnen für einen Auftritt gern mal mehrere Hunderttausend ab. Stand 2019 gab es laut Handelsblatt etwa 5000–8000 deutschsprachige Speaker. Zieht man Promis ab, bleiben 1000 bis 1800 Profis übrig. Diese Szene dürfte sich durch die Pandemie ausgedünnt haben, denn Live-Vorträge wurden selten – und online kann nicht jeder. Aber findige Speaker haben die Zeit genutzt, um sich besser aufzustellen, ihr Portfolio zu erweitern und gegen Coaching-Honorar Nachwuchs heranzuzüchten.

Gefühlt hunderte Agenturen bieten ihre Redner im Internet an – und verdienen kräftig mit: Interessierte können sich für einen drei- bis vierstelligen Eurobetrag einen Platz in der Top-Liste sichern.

Plane ich als Firma zum Beispiel ein Event zum Thema *New Work* oder *Digitale Transformation*, kann ich mir Menschen aussuchen – mit Foto und Lebenslauf und Themenschwerpunkten, die mein Publikum begeistern.

Oft sind Promis darunter, gerne ehemalige Profisportler und Sportlerinnen. Die sprechen dann über Motivation oder Resilienz. Wer es sich leisten kann, schmückt sich mit einem Ex-Außenminister, einer TV-Reporter-Legende oder einem früheren Sprecher des britischen House of Commons. Und das wiederum treibt den Preis in die Höhe.

Besonders gefragt sind in den vergangenen Jahren Speaker mit einem anderen ethnischen oder religiösen Background. Diversity wird auch hier zentral: Podcaster, Comedians, Start-up-Pioniere und Blogger sind mittlerweile die Stars dieser Bühnen. Menschen im Rollstuhl, mit Kopftuch, non-binär – alles ist dabei, alles spiegelt unsere sich wandelnde Welt wieder. Der typische Mittvierziger im Anzug und mit Gelfrisur ist nicht mehr der wichtigste Fisch im Becken.

Ich selbst hatte mehrere Telefonate mit Speaker-Agenturen. Naiverweise nahm ich an, als Texterin von *Germanys Next Topmodel* und Textdozentin hätte ich automatisch ein Standing. Ich wurde eines Besseren belehrt und habe gelernt: Selbstmarketing ist alles in dieser Branche. Ein berstendes Selbstbewusstsein, die richtige Kleidung, ein Coaching, ein Top-Portfolio sind die harte Währung in diesem Business. Sprich: Man muss schon im Vorfeld ordentlich investieren, um später gut zu verdienen.

1000 bis 3000 Euro Honorar gibt's für Einsteiger, 3000–6000 für eine Rede vom Profi, 12 000 für Top-Speaker.

Natürlich schütteln die das auch nicht aus dem Van Laack-Ärmel: Mehrere Monate lang feilen die Speaker an ihren Vorträgen, buchen Workshops und Einzeltrainings, üben ihre Gesten und Pointen immer wieder vorm Spiegel. Wer es sich leisten kann, hat ein Team, das ihn oder sie vorbereitet.

Eine Armee an gutgekleideten ICE-Sitzern und Business-Fliegern ist im ganzen Land unterwegs, um für viel Geld viele Menschen mitzureißen.

Manche Vorträge sind sicherlich hochspannend, manche gepflegtes Dampfgeplauder.

Die Königsklasse dieser Events ist die Keynote. Wikipedia schreibt hierzu:

> Eine **Keynote** (engl. für „Grundgedanke", „Grundsatz"; auch „keynote address", „keynote speech") bezeichnet einen herausragend präsentierten Vortrag eines meist prominenten Redners oder professionellen Grundsatzreferenten („keynote speaker"). Der Begriff Keynote wird vom Einstimmton von A-cappella-Chören abgeleitet: Der Chor singt vor jedem Auftritt gemeinsam einen Ton, damit sich die einzelnen Sänger auf das Stück und aufeinander einstimmen können. Sinngemäß stimmt also der Keynote-Speaker sein Publikum auf die Kernbotschaft ein.

Wer die Keynote gibt, ausgestattet mit der neuesten Technik und vor einem interessierten und kritischen Fachpublikum, der spricht 25–40 Minuten über sein Thema. Er soll einen Knoten bei den Leuten platzen lassen. Meist ist die Keynote am Anfang oder Ende eines Events das Highlight, das die Leute zum Nachdenken oder Lachen bringt.

Ein Keynote Speaker gibt den wichtigsten Impuls eines Events. Er soll das Publikum wachrütteln, ein bisschen wie ein gutgekleideter Warm-Upper im TV.

Warum ich dieses Kapitel in einem Buch über Texte habe? Ganz einfach: Die Grundlage einer guten Rede ist das Geschriebene, das Manuskript.

Und genauso, wie in dieser Branche gearbeitet wird, sollten wir alle an Texten arbeiten. Denn, wer gut sprechen will, muss gut schreiben können. Klar haben Topstars ihre Helfer, trotzdem müssen sie sich jeden Text so sprechbar machen, dass er gut klingt. Was können wir also alle für unsere Business-Texte von der Speaker-Szene lernen?

Regeln für einen guten Text:
- eine Grundidee haben
- eine gute Headline finden
- einen starken Einstieg schaffen
- Pointen einbauen
- sich bis zum Höhepunkt steigern
- die Spannung halten
- die Leute überraschen
- Infos sparsam einstreuen
- ein klares Fazit ziehen
- eine Haltung erkennen lassen
- Sätze niemals abschwächen

Einer der weltweit bekanntesten Speaker ist ein Mann, der schon in meinem ersten Buch #perfektetexte vorkam: **Gary Vaynerchuk.** Der Sohn belarussischer Einwanderer zog mit seinem Vater einen Weinladen in Queens auf, baute ihn zu einem riesigen Online-Wein-Versand mit Webcast aus, hörte von jetzt auf gleich auf und wurde Motivationstrainer. Garyvee, so heißt er bei Instagram, hat 10 Millionen Follower und gilt mit Gagen ab 50 000 Dollar als einer der Topverdiener der Branche. Er berät UBER, Snapchat, Facebook, Twitter und Tumblr.

Gary Vaynerchuk ist klein und trägt gerne zerschlissene T-Shirts und Sneaker. Er ist oft unrasiert und, nun ja, irgendwie schlumpfig. Was er aber kann: Den Leuten mit vielen Kraftausdrücken Wahrheiten um die Ohren knallen. Seine Reden und Youtube-Videos sind kein gepflegtes Event zum Komfortzonen-Kuscheln. Sie sind eine Schocktherapie mit anschließender tröstlicher Umarmung und dem dringenden Wunsch, gleich eine ToDo-Liste zu schreiben und die neuen Vorsätze anzuwenden. Hier ein Auszug einer knapp 17-minütigen Keynote aus dem Frühjahr 2022 in Atlanta. Der Titel ist eher schwammig: *Top Fundamentals of Business and Life.* Die Message hat aber richtig Wumms. Der Meister geht sofort mit einer Frage rein:

Wie viele Leute in diesem Raum wären gern körperlich fitter?

Klar, hier fühlt sich fast jeder angesprochen.

Vor hunderten von Immobilienmaklern im kalifornischen San Diego startet Vaynerchuck, im grauen Shirt, die Hand in der Hosentasche, Cap auf dem Kopf mit dem Satz:

Der wichtigste Tipp, um Euer Business zu vergrößern ist ein ganz praktischer, erreichbarer, machbarer Punkt: Wie ernst nehmt Ihr die Aufgabe, Content im Internet zu platzieren?

Ein Einstieg, der gleich hellhörig macht, ein Versprechen, dass jeder hier sofort damit anfangen kann – und ein überraschendes Ergebnis.

Mit seiner Art zu sprechen – vermutlich schreibt und übt auch Vaynerchuk seine Reden vorher, hat der 47-jährige Millionen Menschen erreicht. Mit viel Augenkontakt, einer aktiven Körpersprache, persönlichen Anekdoten. Der Vater zweier Kinder erzählt von den bescheidenen Anfängen seiner Familie in den USA, von der Corona-Krise seiner Firmen. Er hat Tränen in den Augen und stellt sich und anderen viele Fragen – die er immer beantwortet.

==Und das ist eine Schlüsselregel für jeden guten Business-Text: Jedes Versprechen muss eingehalten werden.==

Die Leute lieben Vaynerchuk. CEOs lassen sich freiwillig von ihm anbrüllen, Facebook-Gründer Mark Zuckerberg diskutiert auf youtube mit ihm, Rapper lassen sich von ihm Crypto-Tipps geben, Berufsstarter klatschen sich auf der Straße mit ihm ab, posten Selfies wie mit einem Star. Er ist ein unrasierter Guru. Aber einer, der aus sich selbst und seiner Art zu sprechen, eine Marke gemacht hat:

Gute Speaker verbreiten eine Botschaft, sie haben Wiedererkennungswert und eine riesige Fangemeinde. Und: Gute Speaker haben Kritiker. Leute, die ihre Botschaft nicht mögen oder eine andere Meinung haben. In der Regel toben die sich in den Kommentarspalten im Internet aus. Aber gerade Kontroversen sorgen für noch mehr Traffic.

Widerspruch aus dem Publikum ist bei Vaynerchuk selten – es sei denn, es steht explizit eine Diskussion auf dem Programm.

Noch ist die Speaker-Szene ziemlich männlich, wobei jetzt immer mehr Frauen nachschießen. Franzi Kühne hat den Bestseller *Was Männer nie gefragt werden* geschrieben. Sie hat einen Undercut, Kinder und ist Aufsichtsrätin und Gründerin einer erfolgreichen Digitalagentur.

So wie sie schieben sich jetzt viele Frauen auf die Speaker-Bühnen und lockern das Bild auf. Sie haben keine Scheu, sich angemessen für Vorträge bezahlen zu lassen und klare Botschaften zu senden.

Hört Euch gern mal ein paar Keynotes von Top Speakern an. Was sie können, gehört in jeden guten Text:

Leider gilt auch hier: Wenig Text ist viel Arbeit.

Gendern ohne Krampf

Eigentlich wollte ich das Kapitel Gendern mit einem Disclaimer abhandeln: Einer Vorbemerkung, wie ich es mit den Geschlechterbezeichnungen halte. Mittlerweile weiß ich: Das reicht nicht. Ich muss hier Stellung beziehen und dazulernen – so wie wir alle.

Als ich meine ersten Text-Workshops für die Volontäre unseres Konzernes gab, war Gendern tatsächlich ein kleiner Exkurs in eine Sprachwelt, die noch fern und unkonkret schien. Und wir reden hier von einem Zeitraum von fünf Jahren. In dieser kurzen Zeit ist gesellschaftlich und sprachlich verdammt viel passiert. Viel Gutes, aber auch viel Übertriebenes.

Meine Haltung zum Gendern: Ich finde es richtig, dass wir uns sprachlich bewegen, dass wir versuchen, alle Menschen anzusprechen. Ich mag als Frau auch nicht als *Kunde* oder *Besucher* angesprochen werden und freue mich, dass unsere Sprache der neuen Realität – alle Geschlechter haben sich ihre Position erkämpft und wollen das auch sichtbar machen – angepasst wird.

Mir wird allerdings schlecht, wenn ich sehe, wie eine Gruppe von militanten Identitätsfanatikern sofort auf die Barrikaden geht, wenn sie sich falsch repräsentiert fühlt. Immer, wenn jemand einen Satz nicht so formuliert, wie sich das diese Sprach-Jakobiner vorstellen, tobt auf Twitter ein Krieg zwischen stramm Konservativen („Wo kommen wir denn da hin?") und Progressiven, die aber stellenweise ins Dogmatische abdriften. Ich sehe mich irgendwo in der Mitte: Durchaus willens, diesen Weg mitzugehen, weil ich ihn richtig und wichtig finde, aber nicht willens, im Gendern eine Religion zu sehen. Es ist ein Prozess, der nicht mehr aufzuhalten ist – und das ist gut so. Und hey, wir üben alle noch.

Was bedeutet das Wort überhaupt? Gender bezeichnet das Geschlecht. Gendern meint die Verwendung einer geschlechtergerechten und diskriminierungsfreien Sprache.

Artikel 3 Absatz 3 des Grundgesetzes gibt dem Staat vor, niemanden zu diskriminieren – das betrifft auch die Sprache als Spiegel unserer Gesellschaft. In der Theorie klingt das top, in der Praxis sieht das aus wie ein Flickenteppich: Die einen machen's, die anderen nicht.

Für die einen ist es ein Herzensanliegen, für die anderen Sprachgerechtigkeit – für manche ist es schlicht Krampf.

Sie wollen nicht bevormundet werden und fühlen sich einer Sprach-Sekte namens Woko Haram hilflos ausgeliefert. Anfang August unterschreiben sogar mehr als 90 Sprachwissenschaftler und Philologen – Männer und Frauen – einen Aufruf gegen die Gendersprache. Darunter sind Mitglieder des Rates für Deutsche Sprache und des PEN-Zentrums. Sie finden: Vor allem ARD und ZDF senden am Publikum vorbei, Umerziehung habe mit dem Programmauftrag nichts zu tun. Gendern sei eine Kunstsprache und spalte die Gesellschaft, werde von identitätspolitisch motivierten Aktivisten vorangetrieben.

Dabei haben Zwang und Verbote in diesem Sprachwandel nichts verloren. Es reicht, sich zu öffnen, sich von manchen Gewohnheits-

Ausdrücken zu trennen. **Unsere Schränke misten wir ja auch hin und wieder aus. Warum nicht auch unsere Sprache?**

Fast zwei Drittel der Deutschen lehnen gendergerechte Sprache ab. 65 Prozent der Bevölkerung halten nichts von einer stärkeren Berücksichtigung unterschiedlicher Geschlechter, wie eine Befragung von Infratest dimap für die WELT am Sonntag ergibt. Im vergangenen Jahr lag die Ablehnung noch bei 56 Prozent. Kann es sein, dass sich die Sprach-Political-Correctness-Bewegung selbst ein Bein gestellt hat?

Vielleicht waren die Sprachradikalinskis so penetrant, dass sie genau das Gegenteil erreicht haben: Einige sind so aufgebracht, dass sie auch den Gang vor Gericht nicht scheuen. Seit Frühjahr 2021 gibt es beim Autokonzern Audi einen Leitfaden für gendergerechte Sprache. Und mindestens einem Mitarbeiter passte das gar nicht, er sieht dadurch seine allgemeinen Persönlichkeitsrechte verletzt.

Das Handelsblatt schreibt:

Ingolstadt. Im Streit zwischen einem VW-Mitarbeiter und der Konzerntochter Audi die Gendersprache im Unternehmen haben die Ingolstädter einen Kompromiss abgelehnt. Die Unterstriche aus allen Mails samt Anhängen und Präsentationen zu entfernen, sei nicht praktikabel, hieß es von den Audi-Anwälten am Dienstag im Prozess vor dem Landgericht Ingolstadt.

Auf Unterlassung geklagt hatte ein Angestellter der Konzernmutter Volkswagen, der mit Audi-Kollegen zusammenarbeiten muss, nachdem das Unternehmen keine Unterlassungserklärung abgeben wollte.

…

Im Gericht zitierte der Kläger aus Arbeitsanweisungen mit Formulierungen wie: „Der_die BSM-Expert_in ist qualifizierte_r Fachexpert_in". Der Vorsitzende Richter schlug zur gütlichen Einigung vor, Audi könnte ihm künftig „halt normal schreiben".

Seit dem 29.7.2022 gibt es hier auch ein Urteil:

Der BR schreibt:

Die Audi AG kann weiterhin uneingeschränkt gender-sensibel kommunizieren. Und zwar auch gegenüber einem VW-Manager, der sich dagegen gewehrt hat. Dessen Klage hat das Landgericht Ingolstadt am Freitag abgewiesen.

==Für den Großteil aller Menschen ist im Jahr 2022 klar: Sprache bildet die Realität ab. Und die ist nun mal ständig im Wandel.==

Fragt sich nur: Wie schreibe und spreche ich so, dass ich wirklich alle mitnehme? Und wie bekomme ich das ohne Krampf hin? Denn eins ist klar: Irgendwer ist beim Gendern immer beleidigt. **Wichtig ist, es zumindest zu versuchen** – ohne sich dabei völlig zu verbiegen.

Die Generation der 15 bis 25-jährigen macht uns übrigens vor, wie selbstverständlich Sprache auf alle Menschen eingehen kann. Genauso unangestrengt, wie diese Digital Natives mit den Möglichkeiten der Technik umgehen, nutzen sie auch eine weitgehend diskriminierungsfreie Sprache.

Allerdings reden wir hier von einer Bubble: Den aufgeklärten, gebildeten, jungen Urbanen, die gerne grün wählen und gegen den Klimawandel kämpfen. So weit, so ehrenwert. Aber was ist mit den 20-jährigen in Gräfenroda und Hiltpoltstein? Gendern die auch? Herrscht auf dem Land dasselbe Bewusstsein? Ich glaube: Wir müssen uns alle noch etwas Zeit geben und auch die Leute mitnehmen, für die eine inklusive Sprache bislang noch nicht Thema Nummer 1 war. Die werden bei den nächsten Aussagen ohnehin Schnappatmung bekommen...

In ihrem Buch *Genderleicht – Wie Sprache für alle elegant gelingt*, schreibt Christine Olderdissen:

Tschüss, liebe Männer

Nehmen Sie das bitte nicht persönlich. Aber es ist etwas Ernstes dran. Geschlechtergerechtigkeit in der Sprache bedeutet, die Überzahl maskuliner Wörter in ihre Schranken zu weisen und Frauen so zu mehr Sichtbarkeit zu verhelfen. Und nicht nur ihnen, sondern überhaupt allen, also auch trans-, intergeschlechtlichen und nicht-binären Menschen mit Respekt und Höflichkeit zu begegnen, zunächst einmal mit Worten und gegebenenfalls mit Genderzeichen wie dem Genderstern. Männer bleiben uns erhalten, keine Frage. Aber in vielen Sätzen und Texten wird so der Platz gerechter unter allen Beteiligten aufgeteilt.

Dieser Prozess dauert aber. Ohnehin ist dieses neue Denken in kurzer Zeit in unser Leben gecrasht – ich selbst muss mich immer wieder zur Nachsicht zwingen, wenn ich Formulierungen lese wie: „Zu Risiken und Nebenwirkungen fragen Sie ihren Arzt oder Apotheker".

Selbst die Konservativsten unter uns horchen bei solchen Formulierungen auf, fragen sich, warum sie bei Lehrerzimmer und Ärztekammer Frauen automatisch mitdenken sollen, wenn doch schon jede zweite Lehrkraft (in der Grundschule gefühlt jede) und jeder zweite Arzt weiblich ist.

Christine Olderdissen schreibt dazu:

Das generische Maskulinum hat sich insofern überlebt. Es passt nicht mehr zur derzeitigen Gesellschaftsordnung von 130 Millionen deutschsprachigen Menschen und weiterer 15,4 Millionen, die Deutsch als Zweit- oder Drittsprache lernen oder gelernt haben. Es ist eine sprachliche Konvention, keine festgeschriebene Regel. Lange Zeit wurde im Deutschunterricht vermittelt, dass 99 Chorsängerinnen und 1 Chorsänger zusammen 100 Chorsänger sind.

Als Startpunkt des generischen Maskulinums macht die Autorin das Jahr 1919 fest, als Frauen erstmals zur Wahl gegen durften und als Wähler bezeichnet, also mitgemeint wurden.

Die männliche Form hat sich jetzt also ein Jahrhundert lang festgesetzt und wird langsam gelockert und ersetzt. Das wird nicht mit der Brechstange gehen – aber es *wird* gehen.

Aber wo sollten wir überhaupt gendern? Eigentlich bei allen Wörtern mit der maskulinen Endung – er: Lehrer, Bürger, Mitarbeiter, Schüler, Rentner, Partner etc.

Nicht gendern müssen wir bei Worten, die kein Anhängsel – in haben. Also *Opfer* etwa oder *Mitglied*, die sind geschlechtsneutral (wobei manche Feministinnen aus naheliegenden Gründen das Wort Mit-GLIED auch ablehnen).

Auch Worte aus dem Englischen wie *User* und *Follower* sind geschlechtsneutral. Bei uns sind sie eingedeutscht und daher auch im DUDEN in der weiblichen Form *Followerinnen* und *Userinnen* zu finden. Ich finde: Wenn es uns mit Follower und User schon so einfach gemacht wird, alle zu bezeichnen, sollten wir das auch nutzen.

Da ich die Off-Texte (also die von Heidi Klum selbst eingesprochenen Texte) für zwei Staffeln *Germanys Next Topmodel* geschrieben habe, weiß ich, wie schwierig das alles sein kann.

Nicht nur heißen die Teilnehmerinnen jetzt nicht mehr Mädchen, sondern Models. Es ist auch zunehmend wichtig, sprachlich alle mitzunehmen. Nicht nur mit der Wahl einer transidenten Frau 2020, auch mit dem Cast, bestehend aus Curvy, Petite Models, Models aller Hautfarben und Best Agern (2022 war die Älteste 68 Jahre alt!) trägt diese Sendung der veränderten gesellschaftlichen Realität Rechnung. Hierfür gibt's mittlerweile viel Lob. Ich nutze mittlerweile die Formel: Do it like Heidi: Klar ausdrücken und niemanden ausschließen!

Wie aber sind Firmen zu nennen, mit denen die Models, aber auch viele Influencer zusammenarbeiten? Sind das Kooperationspartner? Was aber, wenn zwei Frauen den Auftrag erteilen? Sind das dann Institutionen oder Menschen? Es fühlt sich seltsam an, über eine Szene mit vier Frauen im Bild und einer von Frauen geführten Firma von Kooperationspartner zu sprechen. Ich würde hier auf das Femininum umschwenken. Oder aber Verben benutzen: „XY arbeitet mit XY zusammen."

Oft nutze ich vermeintlich neutrale Begriffe wie Ärzteschaft, aber auch hier gibt es Leute, die daraus Ärzt*innenschaft machen wollen. Mir geht das zu weit.

Der *Duden* überarbeitete im vergangenen Jahr 12 000 Personenbezeichnungen und gab ihnen eine eigene weibliche Prägung. Statt Vorständin heißt es jetzt *das weibliche Mitglied eines Vorstandes.*

Wer gendert, räumt Männern weniger Präsenz ein. Der Gewinn ist laut Christine Olderdissen sprachliche Sichtbarkeit für alle. Klingt nach einer neuen Situation, die aber für viele Menschen Vorteile bringt.

Widerstand? Gibt es natürlich immer noch. Harald Schmidt sagte mal, einen gegenderten Text lese er nicht zu Ende. Und damit steht er nicht alleine.

==Interessanterweise sind vor allem Frauen entschiedene Gendergegnerinnen.==

Ich denke, hier ist eine Sprachrevolution im Gange, die wir gemäßigt angehen sollten, um die Mitte mitzunehmen. Mit ein paar Tricks funktioniert das auch.

Fürs korrekte Gendern mit dem Sternchen hilft der Gedanke an die Worte *Spiegelei, Poet, Beate, beirren*. Der Glottislaut in der Mitte gelingt irgendwann völlig automatisch.

Die Medien als Multiplikatoren und die Wirtschaft, die Millionen Menschen erreichen will, sind jedenfalls schon auf Kurs. Mittlerweile haben die meisten Konzerne und Mittelstandsunternehmen ein festes Regelwerk fürs Gendern. Mehr und mehr wird *Schreiben für alle* zum Handwerkszeug.

Bei vielen Medien gibt es zwar den erklärten Willen zu einer diskriminierungsfreien Sprache. Wer aber TV-Texte schreibt, so wie ich, weiß, dass die geschlechtsneutrale Sprache im Fernsehen nicht immer schön klingt.

==Fernsehtexte müssen sprechbar und verständlich sein – und das klappt mit Gendern nicht immer.==

„Privat gendere ich nicht", sagte mir neulich ein Volontär, zehn weitere nickten. Zwei Tage lang hatten wir Texten für Fernsehformate geübt, zwei Tage lang hatte er sich brav dem neuen Sprach-Diktat gebeugt – nur um dann diesen Spruch loszulassen.

Anders sieht es auf den Social-Media-Kanälen der Medien aus: Während die Tagesschau ihr Publikum abends nicht überfordern will, wird auf Twitter schon fleißig gegendert. Je jünger die Formate, desto mehr. Zeitungen wie die Frankfurter Allgemeine oder Zeitschriften wie der Cicero geben sich sprachkonservativer und bleiben oft bei der männlichen Form.

Das „Jeder-macht-was-er-will"-Chaos ist das eine Problem, der Krampf das andere: Es kann dafür sorgen, dass wir unser Berufs-Ich sprachlich vom privaten Ich abspalten. Im Job versuchen wir, allen Richtlinien zu folgen, wir schreiben *she/her* neben unseren Namen und versuchen alle Geschlechter miteinzubeziehen. Privat sprechen wir aber weiter so, wie wir es gewohnt sind.

Es ist gut, dass wir unsere Ausdrucksweise überdenken, dass wir hier Veränderung zulassen – solange wir uns damit kein Gedankengefängnis bauen.

> Ob Hardcore- oder Gelegenheitsgenderer – bei uns allen ist in den vergangenen Jahren etwas passiert. Wir alle wählen unsere Worte bedachter.

Gendern auf dem Arbeitsmarkt

Die meisten Firmen inserieren mittlerweile mit m/w/d, was bedeutet: Männlich, weiblich, divers. Zwar steht meistens eine männliche Form davor, also *Hausmeister* (m/w/d), aber immerhin. Bei *Controller* ist das anders, denn der Begriff ist englisch und darf als geschlechtsneutral gehandhabt werden.

Manche schreiben auch Hausmeister/Hausmeisterin (m/w/d).

Besonders fortschrittliche Unternehmen schreiben dann:

Hausmeister*in (m/w/d).

Alternativ können Sie auch schreiben:

Aushilfskraft (m/w/d)

Fachkraft (m/w/d)

Kreative Köpfe (m/w/d)

Geschäftsführung (m/w/d)

Christine Olderdissen schlägt einen wunderbaren Text für eine Stellenanzeige vor, der sich wohltuend abhebt vom spröden Inserats-Deutsch.

Wir suchen Fachkräfte für unsere Buchhaltung. Hautfarbe, Herkunft und Geschlecht spielen für uns keine Rolle, solange Sie zu uns passen und die Motivation stimmt.

Schön oder? Und ganz ohne Sternchen elegant gelöst.

Wen aber stelle ich mir vor, wenn ich eine bestimmte Personenbeschreibung lese? Hier spielen soziale Erwartungen eine riesige Rolle. Wir alle haben Bilder von Berufen im Kopf, denken bei Ärzten eher an Männer mit Kittel. Wir denken an Grundschullehrerinnen mit Schaltüchern und an schicke Kosmetikerinnen und Kranführer mit Bierbauch. Das sind alte Rollenbilder, die sich langsam ändern.

Lange habe ich das Kabel1-Format *Trucker Babes* getextet, das vor allem deshalb TV-würdig ist, weil nette Frauen 40-Tonner quer durch die Welt fahren. In ein paar Jahren wird das vermutlich keine Nachricht mehr wert sein. Das ist schlecht fürs Format, aber gut für die Gesellschaft.

==Wir haben aber nicht nur für Yogalehrerinnen und Arzthelferinnen vorgefertigte Bilder im Kopf, sondern auch für Wähler, Zuschauer, Einwohner.==

Oder etwa nicht?

Angela Merkel hat konsequent gegendert, für sie selbst wurde der Begriff Bundeskanzler*in* gefunden. In ihren Ansprachen hat sie immer von Bürgerinnen und Bürgern gesprochen.

Bei Olaf Scholz kommt das immer noch sehr holprig daher: Die Bezeichnung Krankenschwester*innen* aus dem Jahr 2021 ist Legende.

Was akademische Titel angeht, sind wir heute schon ein wenig weiter als noch vor wenigen Jahren. Es gibt zwar immer noch einen

Bachelor, Master und Doktor, aber immerhin: Frau Professorin, Frau Ministerin, Frau Staatssekretärin. Hier ist viel passiert. Auf dem Münchner Nordfriedhof (und tausenden anderer deutscher Friedhöfe) kann man sie noch sehen, die Titel von früher: Da liegt neben Professor Hans Lutz die Frau Professor, einfach so, als Beiwerk. Die Namen habe ich jetzt erfunden. Aber lange Zeit wurde dieses Modell geduldet: Als Hausfrau auf der Überholspur einen akademischen Titel erschnorren – aber dafür ewig im Schatten des Typen stehen, dem man den Rücken freigehalten hat.

Verbindliche Regeln für alle? Gibt's noch nicht. In Berlin und in Sachsen ist das Gendersternchen in Schultexten verboten. Es fehlt eine einheitliche Regel für ganz Deutschland.

Der Rat für deutsche Rechtschreibung lehnt die Verwendung von Gendersternchen, Gender-Gap, Gender-Doppelpunkten etc. ab. Intern gibt es dort seit 2016 einen Katalog mit Kriterien zur geschlechtersensiblen Sprache. Danach sollen geschlechtergerechte Texte vor allem

- sachlich korrekt und verständlich sein,
- lesbar und vorlesbar sein,
- Konzentration ermöglichen
- Rechtssicherheit und Eindeutigkeit gewährleisten.

Die gängigsten Gender-Mittel heute sind:

- Die mehrgeschlechtliche Schreibweise: Wähler*innen, Wähler_innen und Wähler:innen. Das Sternchen und der Doppelpunkt haben sich hier zur Best Practice gemausert. Das fühlt sich die ersten drei Male seltsam an, dann wird es immer selbstverständlicher.
- Männliche und weibliche Form, das schließt aber alle anderen Geschlechter aus
- Die männliche und weibliche Form im Wechsel (mal Schüler, mal Wählerinnen)
- Substantivierte Partizipien: Entweder wir sprechen von Geflüchteten, dann ist die Aktion schon abgeschlossen. Oder aber von Reisenden, die sind gerade im Flieger. Worte wie

> Studierende, Mitarbeitende und Zusehende sind schon längst im Sprachgebrauch.
> - Neutrale Begriffe wie Menschen, Leute, Lehrkräfte, Ärzteschaft
> - Gegendert wird nur bei Menschen (nicht bei Tieren)

Neutrale Begriffe verwende ich am liebsten.

==Ich mag die Vorstellung von einer Menschheitsfamilie lieber als die von wütenden Bubbles, die alle anderen ständig maßregeln.==

Die in Wiesbaden ansässige Gesellschaft für deutsche Sprache (GfdS) befürwortet zwar grundsätzlich eine diskriminierungsfreie Sprache, mag aber keine Gendersternchen. Die seien weder mit der deutschen Grammatik noch mit den Regeln der Rechtschreibung konform. Außerdem findet die GfdS: Das Nebeneinander von Gendersternchen und anderen Formen führt zu Uneinheitlichkeit, die in der deutschen Sprache nicht gewünscht sei. Sprich: Sprachkuddelmuddel, durch das keiner mehr durchblickt. Und: Gegenderte Texte sind weniger sprechbar.

Und, wenn wir gleich Sprach-Schnick-Schnack-Schnuck spielen wollen, kommt hier das Killer-Argument:

Die orthografische und grammatische Richtigkeit und Einheitlichkeit sowie die (Vor-)Lesbarkeit und die Verständlichkeit eines Textes haben gegenüber einer diskriminierungsfreien Sprache eine höhere Priorität (Quelle: Leitlinien der GfdS zu den Möglichkeiten des Genderings, Stand: August: 2020).

Also:

==Stein schleift Schere. Verständlichkeit ist wichtiger als Gendern.==

Ich glaube, beides geht.

Was wir in unserer Gender-Wut völlig übersehen haben: Während wir alle Geschlechter mit einbeziehen, schließen wir plötzlich Leute mit Sehbehinderungen *aus*. Denn digital barrierefrei sind gegenderte

Texte ganz sicher nicht mehr. Blinde haben die Möglichkeit, sich Artikel im Netz vorlesen zu lassen. Und die können mit Glottislauten ganz schön holprig klingen.

Wir dürfen nicht vergessen: 12 % aller Erwachsenen in Deutschland können nicht richtig lesen und schreiben. Dazu kommen Millionen Menschen, die Deutsch als Zweit- oder Fremdsprache lernen. Und die wollen vor allem erst einmal die Basics verstehen, bevor sie sich an die Feinheiten machen. Vielleicht sind in ein paar Jahren auch die Grundlagen so verfasst, dass schon Deutsch-Anfänger inklusive Sprache lernen.

Hier noch ein paar Dos und Donts fürs Gendern:

- Silbentrennung ist nicht gut, wenn Sie gendern: Es wird holprig, es ist nicht gut les- und sprechbar. Zum Glück lassen Computer mit Zeilenumbrüchen und Schriftgrößen und Satzbau genügend Spielraum, um das zu vermeiden.
- Das Wort *jedermann* kann weg – oder durch *alle* ersetzt werden.
- Einladungen sind ein Sonderfall: Liebe/Lieber Herr Müller, sehr geehrte/r Herr/Frau Meier stellen immer mehr Menschen vor ein echtes Problem. Wie spreche ich jemanden an, von dem ich nicht weiß (aus den Namen geht das nicht mehr hervor), welchem Geschlecht er sich zuordnet? Claudia Olderdissen hat hier einen radikalen Tipp: Auf die Anrede verzichten! *Guten Tag* genügt.
- Ein Sternchen pro Absatz. Wenn Sie oben schon Bäcker*innen gesagt haben, im weiteren Verlauf eher Teammitglieder oder Menschen, die im Backhandwerk arbeiten oder Bäcker und Bäckerinnen.
- Stereotype vermeiden. Damit Sie nicht nur von Krankenschwestern sprechen, würde ich Ärztinnen nehmen und Pfleger. Es geht um Bilder in den Köpfen, aus denen irgendwann Sprache wird. Und die Wirklichkeit sieht – zumindest im Krankenhaus – mittlerweile anders aus.
- Zusammengesetzte Wörter, die vorne eine Personen-, oder Berufsbezeichnung haben, sind schwierig: Was machen wir mit

> Beraterhonorar oder Lehrerzimmer und Bürgersteig? Warum nicht *Beratungshonorar, Zimmer für Lehrkräfte und Gehsteig?*
> - kein *Damen und Herren* (hat die Lufthansa auch aufgegeben)
> - kein Deadnaming, also eine trans Person mit ihrem abgelegten Vornamen benennen.

Interessanterweise, das hebt Christine Olderdissen hervor, wird bei Verbrechen noch nicht gegendert. Hacker, Terroristen und Räuber sind immer männlich.

Kriminelle ist hier eine elegante Alternative. Wenn schon gerecht, dann richtig!

Das ZDF meinte es vor ein paar Monaten zu gut mit dem Gendern und sprach von Taliban*innen und Islamist*innen. Womöglich gibt es die auch. Zu sehen sind aber immer Männer. Und die Frauen haben ganz andere Probleme mit der Sichtbarkeit.

Interview mit Christine Olderdissen, Autorin des Buches *Genderleicht*

Frau Olderdissen – wie kamen Sie auf die Idee, aus ihrer Webseite gleich ein ganzes Buch zu machen?

Wir haben bei *Genderleicht.de* das Textlabor, das ist eine Art Community-Tool gewesen, das ich erfunden habe, um Menschen, die Probleme mit dem Gendern haben, ein bisschen zur Seite zu stehen und zu sagen: Schreib uns, wo Du Probleme hast, und wir versuchen das zu lösen. Entweder, weil wir Kontakt haben zu Experten und Expertinnen, die sich da auskennen oder, weil wir gut recherchieren können, oder, weil wir uns gewisse Fachkompetenz erarbeitet haben. Daraus ist ein intensiver E-Mail-Verkehr entstanden, mit ganz unterschiedlichen Menschen. Die interessantesten Antworten haben wir veröffentlicht, das sind 30 Online-Texte. Der Vorstand des Journalistinnenbundes hat dann zu mir gesagt: Das ist so interessant, was Ihr da geschrieben habt. Mach doch ein Buch daraus! Und so ist es dann gekommen.

Gendern ist gerade der heiße Scheiß. Wie haben Sie gemerkt, dass Sie jetzt die Gunst der Stunde nutzen sollten? Gab es da einen Schlüsselmoment?

Nein, wir sind einfach Journalistinnen. Wir haben einen Riecher für die Dinge. Das war ab 2015 klar: Da muss etwas passieren, wir müssen uns mehr um Gendern kümmern. Dann tauchten schon die ersten Vorschläge auf, mit dem Genderstern zu arbeiten und die ersten Irritationen, wie weit geht das? Die ersten Leute haben schon gejammert: Oh, das ist furchtbar. Uns als Journalistinnenbund ist es ein Anliegen, Frauen in Texten sichtbarer zu machen. So ist das entstanden. Wir dachten uns: Wir wollen jetzt, wir müssen jetzt, und haben uns an das Frauenministerium gewendet und eine Förderung für zweieinhalb Jahre bekommen, um dieses Webprojekt aufzubauen.

Sie befassen sich seit Jahren mit dem Thema Gendern – was genau verstehen Sie darunter?

Das ist eine der besten Fragen überhaupt, denn dazu gibt es ja ganz unterschiedliche Ansichten. Die meisten denken: Gendern, das ist ja nur das Gendersternchen, und das verhunzt die Sprache. Ich übersetze es lieber in geschlechtergerechte Sprache, weil das weniger konfliktreich und gezielter ist. Wir wollen ja Frauen sichtbar machen, aber auch Menschen, die sagen, ich bin weder Mann noch Frau, ich muss anders sichtbar gemacht werden. Dafür gibt es die Genderzeichen. Die Frage, die wir uns bei Genderleicht gestellt haben, ist: Was ist im Mainstream-Journalismus überhaupt möglich? Wir halten uns natürlich an die Rechtschreibregeln, also müssen wir einen Weg finden – zur Not auch ohne Gendersternchen – um trotzdem geschlechtergerecht zu schreiben. Und da haben wir beim Rat für deutsche Rechtschreibung tolle Hinweise gefunden. Die haben gleich von Anfang an gesagt: Geschlechtergerechtigkeit ist prima, wenn Ihr das haben wollt. Aber achtet auf Euren Textfluss, schaut, welche Zielgruppe Ihr habt, in welchem Medium Ihr schreibt. Ein queerfeministisches Medium kann natürlich wesentlich mehr Gendersternchen benutzen als eine konservative Tageszeitung. Da geht das gar nicht. Achtet darauf, dass Eure Texte trotzdem verständlich sind, dass ein schöner Lesefluss entsteht. Lest Euch das laut vor. Wenn ich meinen Text nicht laut vorlesen kann, funktioniert er nicht. Dafür muss ich keine Linguistin sein. Ich brauche nur allgemeines Sprachgefühl.

Sie schulen auch Firmenpersonal – wie reagieren die Leute, wenn Sie mit dem Gendern kommen?

Ich schule vor allem Redaktionen oder Kommunikationsabteilungen, also Menschen, die eher im Medienbereich mit geschlechtergerechter Sprache zu tun haben. Es macht einen Unterschied, ob ich eine Firma schule oder Menschen, die sagen: Für mich gilt die Pressefreiheit, ich kann so schreiben, wie ich will. Niemand darf mir Vorschriften machen. Denen zeige ich Möglichkeiten, wie sie mit Sprache spielen können. In einer Firma dagegen muss ja oft mit einer Stimme gesprochen werden. Die Mitarbeitenden wollen klare Regeln haben: Wie schreibe ich Vorlagen, wie schreibe ich meine Emails? In Medienhäusern gehen wir so vor: Für die interne und externe Kommunikation gibt es eine Art Gender-Anleitung, und für das journalistische Personal geben wir Anregungen: Wir empfehlen Euch etwas, aber Ihr entscheidet selbst, wie Ihr es halten wollt.

Der Widerstand ist ja auch oft kleiner, wenn Gendern nicht mit Zwang und Verboten einhergeht, sondern mit Möglichkeiten?

Wer sich fürs Gendern engagiert, muss noch viel Überzeugungsarbeit leisten. Zunächst auf der Führungsebene, und dann kommen so Genderprofis wie ich zu Schulungen. Da sitzen dann Leute, die sagen: Ich will das unbedingt, ich finde das richtig. Es gibt aber auch andere, die sagen: Ich finde es schwierig, ich will das nicht. In meinen Kursen habe ich das Glück, dass die Teilnehmenden sagen: Ich möchte gerne, aber ich weiß nicht genau wie. Denen zeige ich die schönen Möglichkeiten, die sie haben. Ich registriere allerdings in den Interviews zu meinem Buch viele kritische Fragen. In den Schulungen dagegen geht es konkret um Handlungsmöglichkeiten.

Ich habe die Erfahrung gemacht, dass Frauen beim Thema Gendern noch ablehnender sind als Männer. Geht Ihnen das auch so?

Ich erlebe durchaus auch Ablehnung bei Frauen. Das wundert mich immer ein bisschen. Aber da schaue ich dann genau hin, wer ist das eigentlich? Es gibt hunderte von Gründen. Einer ist das Alter, da kommt dann das Argument: Das mit dem generischen Maskulinum, das ging doch immer schon so. Zum Beispiel: Petra Gerster sagt, sie hatte eigentlich nie ein Problem damit, obwohl sie immer schon sehr engagiert in Frauenrechten war. Aber dann hat sie doch angefangen, darüber nachzudenken und hat gemerkt: Wir müssen in der Sprache noch viel mehr dafür sorgen, die Frau sichtbar zu machen. Da sie Feministin ist, hat sie in den letzten Monaten als ZDF-Heute-Moderatorin noch kurz vor der Rente die Kurve gekriegt und sich sehr fürs Gendern engagiert. Sie ist eine tolle Vorkämpferin! Wir, der Journalistinnenbund, haben sie auch für ihr Lebenswerk mit der Hedwig-Dohm-Urkunde ausgezeichnet. Wie ihr geht es eigentlich vielen Frauen, dass sie merken, oh, hoppsala, ich komme ja wirklich in der Sprache nicht vor. Ich habe mich da immer reingedacht – aber wer tut das schon? Denken die Leute wirklich, wenn in einem Text von Drogenfahndern und Ermittlern die Rede ist, dass in diesen Ermittlungsteams auch taffe Frauen dabei sind? Wenn wir abends Krimis im TV schauen, sehen wir, dass das durchaus so ist. Aber, wenn ich nur von *Ermittlern* lese, sehe ich vor meinem geistigen Auge keine Frau. Und hier kann ich dann anfangen mit meiner Überzeugungsarbeit.

Anders ist es bei Frauen aus der früheren DDR, die sind mit männlichen Berufsbezeichnungen groß geworden, bei denen war das nie ein Thema. Da gibt es eine andere Sprachtradition. Das finde ich auch in Ordnung, wenn die sagen: Bei uns hat das immer funktioniert. Wir waren Baggerfahrer, wir waren Lehrer, na und? Ich frage dann immer nur: Stimmt das für Euch heute noch? Wenn Ihr mit Euren Töchtern und Enkeltöchtern redet? Auch hier gibt es eine Veränderung. Aber natürlich gibt es hier auch Frauen, die stur sagen: Ich fühle mich nicht diskriminiert, ich will nicht so im Vordergrund stehen. Ich entgegne dann: Das haben Euch Eure Mütter beigebracht, dass Frauen sich nicht in den Vordergrund drängeln sollen. Aber wir *müssen* uns in den Vordergrund drängeln, damit wir endlich mal wahrgenommen werden. Die Männer tun nichts dafür, dass wir wahrgenommen werden. Übrigens: Es ist journalistische Präzision, die Frauen zu benennen! „Sagen, was ist". So haben wir das gelernt.

Sie schauen aus beruflichen Gründen oft die ProSieben-Show *Germanys Next Topmodel* – welche sprachlichen Neuerungen sind Ihnen da in Sachen Diversity und Gendern aufgefallen?

Seit der letzten Staffel sind viel mehr Frauen als Co-Juror*innen dabei. Dadurch kommt eine weiblichere Sprache rein. Es ist auch auffällig, dass sie Kund*innen* hat, also die Firmen für die Castings eher Frauen schicken, die dann Models suchen. Auch die nutzen eher eine weibliche Sprache. Es sind ja plötzlich alles Frauen untereinander. Und, wenn wir unter Frauen sind, dann sprechen wir natürlich von *jede* statt von jeder. Wenn dann die Models in den Interviews sagen: *Jeder* hier will natürlich *Germanys Next Topmodel* werden, dann merk ich, das ist richtig schwer aus der Alltagssprache rauszukriegen. Warum sagen sie nicht: Jede von uns will ans Ziel kommen?

Heidi Klum sagt ja selbst: Nur eine von Euch kann *Germanys Next Topmodel* werden – obwohl es *das* Topmodel heißt. Uups. das sind jetzt schon sehr spezielle linguistische Fragen in einem sehr alltäglichen Fernsehformat.

Apropos Jobsuche: Sie befassen sich in ihrem Buch auch mit dem m/w/d-Problem in Stellenanzeigen. Wie lösen Firmen das elegant?

Vom AGG, dem Allgemeinen Gleichbehandlungsgesetz her ist es inzwischen Pflicht, die Stellenangebote so auszuschreiben, dass sie offen für alle Geschlechtsidentitäten sind. Das Einfachste ist immer, *m/w/d* in Klammern hinzuschreiben und das Risiko einzugehen, dass manche Menschen nicht wissen, was es heißt. Es könnte ja auch übersetzt werden mit männlich/weiß/deutsch, okay, das ist unwahrscheinlich. Das *m/w/d* kann man aber eben auch mit Worten lösen. Sie könnten zum Beispiel sagen: Bei uns können sich alle Geschlechter bewerben. Oder: Bei uns im Team sind alle Geschlechtsidentitäten willkommen. Sie können Umschreibungen nutzen. Nicht: Wir suchen einen Buchhalter (m/w/d), das ist jetzt der Klassiker, sondern: Wir suchen einen schlauen Kopf, der oder die mit Zahlen umgehen kann. Hier können wir uns wieder fragen, ob in der geschriebenen Form ein Schrägstrich bei *der* oder *die käme* oder ein Sternchen reinmüsste.

Das Problem sind die Suchmaschinen: Personalabteilungen oder Human Resources sagen: Unsere Stellenangebote müssen über Suchmaschinen gefunden werden. Und wie googeln wir? Im generischen Maskulinum! Wir geben ein: Buchhalter. Google sagt ja: So wie ihr sucht, so bauen wir den Algorithmus. Die sagen nicht, wir nehmen nur den Buchhalter, sondern wir alle bestimmen die Suchergebnisse. Würden wir alle Buchhalter*in eingeben, würde der Algorithmus sich darauf einstellen. Wir erziehen Google mit unserem Verhalten.

Wo gibt es Grauzonen, bei denen Sie für Großzügigkeit plädieren?

Wir haben ein Problem, sobald wir es mit längeren Texten zu tun haben – egal, ob ich Sternchen verwende oder die Beidnennung. Die Texte werden aufgeplustert und fangen an zu langweilen. Ich muss mir also für einen guten Lesefluss etwas ausdenken. Ich kann natürlich mit geschlechtsneutralen Partizipien arbeiten. Das funktioniert auch eine ganze Weile. Aber irgendwann muss ich doch mal wieder Arzt sagen – und nicht nur medizinisches Personal. Deswegen gibt die Technik der Klammer: Vorne sage ich, um wen es in diesem Artikel geht, zum Beispiel um Ärztinnen und Ärzte. Danach kann ich das Wort *Ärzte* wie einen Fachbegriff verwenden. Dazwischen kann ich wieder medizinisches Personal sagen, und am Ende mache ich die Klammer zu und sage wieder: Die Ärzte und Ärztinnen dieses Krankenhauses oder die Ärzt*innen. Dann beschweren sich natürlich manche, das sei falsch gegendert. Ich sage: Dann haben wir aber einen besser lesbaren Text. Ich kann also ein generisches Maskulinum unterbringen, wenn ich vorne einmal alle anspreche. Ich kann schreiben: „Zu den Olympischen Spielen kommen 800 Leichtathleten, das sind Spitzensportlerinnen und -Sportler" Danach bin ich freier, und es liest sich trotzdem gut. Die ständige Beidnennung ist öde, aber ich muss irgendwie klarmachen, dass ich mit diesen *Leichtathleten* auch Frauen meine. Diese Klammertechnik spricht sich gerade herum, die entdecke ich so auch in Zeitungstexten.

Im Journalismus gibt es oft Zeilen- oder Sekundenbeschränkungen. Wer konsequent gendert, stößt da an Grenzen ...

Beim Fernsehen haben wir den Vorteil, dass wir im Bild sehen, um wen es geht. Bei einem Bericht über Krankenhäuser zum Beispiel muss ich dennoch präzise bleiben und kann das Wort *Pflegeleitung* abstrakt verwenden, oder, wenn ich eine Frau im Bild sehe sagen: *die Pflegeleiterin und ihre Kolleginnen und Kollegen* oder kurz: *ihr Team*. Ich bin Fernsehjournalistin. Früher wurden mir die Beidnennungen rausgestrichen. Da hieß es: Das kriegt der Sprecherin oder der Sprecher nicht hin, das dauert zu lange. Heute würden wir eher an anderer Stelle kürzen, um die Beidnennung zu erhalten – weil wir sie brauchen. Sprache ist sehr flexibel. Wir können ganz viel dafür tun, genau diese Präzision zu liefern.

Noch zieht nur eine kleine Aktivisten-Bubble das Thema konsequent durch. Wie bekommt man die breite Masse?

Klar, es gibt eine kleine Aktivist*innenbubble, die überall die Gendersternchen reinhaut. Das ist diskutabel, wie weit das noch inklusiv ist. Menschen, die einen Screenreader brauchen, die sind von zu vielen Gendersternchen genervt. Oder auch Menschen mit kognitiven Einschränkungen. Die haben richtig Probleme mit zu vielen Sternchen oder Doppelpunkten. Dann gibt es eine große Gruppe von Leuten, die geschlechtergerechte Sprache umsetzen wollen, aber noch gute Wege dafür suchen. Das sind 40 Prozent in den Umfragen. Und dann gibt es die 60 Prozent, die dagegen sind, weil sie es nicht richtig verstehen, weil man es ihnen nicht richtig erklärt. Die sagen grundsätzlich: Gendersternchen find ich blöd. Wenn wir denen aber Texte zeigen, an denen ihnen gar nichts auffällt, freundliche Texte, die so reinlaufen und niemanden ausschließen – dann können sie nichts mehr gegen Gendern haben, einfach, weil es gut gemacht ist.

Sie nutzen oft das Zauberwort *alle*. Wie kann man Sprachkrampf noch elegant umgehen?

Ich beobachte, dass Leute oft sagen: *Jeder* – und schieben dann gleich *und jede* hinterher, weil ihnen einfällt, dass sie für alle sprechen wollen. Das finde ich eine lustige Technik. Manchmal hilft es, von *allen* zu reden. Das funktioniert nicht immer, da spielt das eigene Sprachgefühl eine große Rolle.

Sie sind gegen sogenannte Disclaimer, also Einleitungen, in denen sich vornehmlich männliche Autoren den Freibrief holen, fortan nur das generische Maskulinum zu verwenden. Warum?

Weil es zu bequem ist. Hier sagt jemand: Ich denke nicht drüber nach, ich ziehe meinen alten Stiefel durch. Wenn wir schon im Deutschunterricht den Kindern in der Schule Techniken beibringen könnten, wie sie mehr für Geschlechtergerechtigkeit sorgen können, wie sie weniger Personen in ihre Texte bringen, dann hätten wir schon in der breiten Masse einen anderen Textumgang. Es ist Übungssache. Wenn man es verstanden hat, ist es nämlich ziemlich leicht. Dann brauchen wir aber einen Disclaimer, der sagt: Wir bemühen uns um geschlechtersensible Sprache. Wir nutzen eine Technik, bei der wir gelegentlich ein generisches Maskulinum verwenden, weil wir es an der Stelle richtig finden. Oder: Wenn Sie ein Maskulinum lesen, dann sprechen wir an dieser Stelle wirklich über Männer. Und dann vielleicht noch: Wir verwenden den Doppelpunkt oder den Stern – wie auch immer die Hauspolitik ist. Es sollte sich aber herumsprechen, dass der Stern besser ist, einfach, weil der Deutsche Blinden- und Sehbehindertenverband sich dafür ausgesprochen hat, in Absprache mit dem Bundesverband Trans*. Es ist also schon gut, die eigene Haltung klarzumachen durch eine Fußnote. Nur das bequeme „im generischen Maskulinum sind alle mitgemeint" – nö! Bitte einmal nachdenken, wie es besser geht!

Bleibt Gendern – oder ist in fünf Jahren alles wie immer?

Das Gendern in meinem Sinne bleibt hoffentlich. Ob sich das Gender*sternchen* durchsetzt, das weiß ich nicht. Wir haben ja noch den Rat für deutsche Rechtschreibung, der die ganze Entwicklung beobachtet. Der macht die Regeln nicht, der berät nur. Wenn der eines Tages sagt: Das ist eine gute Idee mit dem Genderstern, dann können Grammatikregeln erarbeitet werden. Die brauchen wir, um zu klären: Wie gehen wir eigentlich auf eine vernünftige Art und Weise mit dem Genderstern um? Es kann aber auch sein, dass dieser Rat sagt: Wisst Ihr was? Das ist so ein Schwachsinn, was wir da gerade machen, wir lassen das lieber. Oder die Leute haben keine Lust mehr darauf. Wir können aber jetzt keinen demokratischen Abstimmungsprozess machen und alle befragen: Seid Ihr dafür oder dagegen? Der Genderstern muss sich irgendwie etablieren oder er geht uns wieder verloren. Ich bin gespannt …

Mann, Frau, alle

Natürlich sprechen wir beim Gendern nicht nur von zwei Geschlechtern. Und hier wird's knifflig: Die feministische Sprachwissenschaft will Frauen zu mehr Sichtbarkeit verhelfen. Nutzt man aber Gendersternchen und Doppelpunkte, verschwinden Frauen wieder in dieser Sprach-Neutralität.

Da es hier noch kein festgeschriebenes Regelwerk gibt, fahre ich eine Misch-Strategie:

- Neutrale Begriffe soweit wie möglich
- Frauen benennen, wenn sie Hauptakteurinnen sind
- so selten wie möglich ein Sternchen verwenden

Oft sind wir im Umgang mit anderen Geschlechtern verunsichert, verkrampfen uns aus Angst, etwas Falsches zu schreiben oder zu sagen. Ich plädiere dafür, einfach nachzufragen. Wie willst Du angesprochen und bezeichnet werden? Das ist allemal besser, als im Dunkeln zu stochern oder jede Ansprache zu vermeiden.

Wie Frauen schreiben und sprechen

Gendern dreht sich aber nicht nur um ein paar Sternchen oder Buchstaben. Für viele Frauen erschließen sich mit dem neuen Bewusstsein von Sprache ganz neue Möglichkeiten der Selbstdarstellung. Nach dem Motto: Wenn wir sprachlich eine größere Rolle spielen, müsste das doch auch im echten Leben klappen.

Leider sitze ich immer noch in Meetings mit Frauen, die ihre Sätze mit „Ich würde gern..." beginnen, die „eigentlich" sagen oder „ich weiß ja nicht", die oft mitten im Satz verlegen kichern, ihre Aussagen abschwächen und sich selbst kleinmachen. Die vor allem in Anwesenheit von Männern die süße Hilfsbedürftige mimen.

Ich hatte mal eine Kollegin, attraktiv, selbstbewusst und gut im Job. Wir lachten viel und sprachen trotz des Altersunterschiedes von 15

Jahren über tausend Themen. Die Frau war ein Brett. Das Problem: Sobald sie einen Hörer in die Hand nahm, um einen männlichen Kollegen um Rat oder Hilfe zu bitten – oder auch nur eine Anweisung zu geben, war sie wieder eine süße 8-jährige mit blonden Zöpfen. „Duuuu, es wäre echt supi, wenn Du uns helfen könntest...". Ich war fassungslos. Die Kommunikationsgranate war plötzlich ein kleines Mädchen, das Männer mit süßem Gehabe manipuliert. Ich sprach sie an: „Warum fragst Du nicht einfach ganz normal?" Daraufhin sie: „Weil es so viel schneller geht."

Das begegnet mir oft. Gerade jüngere Frauen, die Wert auf eine feministische Grundhaltung legen, sind sprachlich noch immer ein kleines Mädchen und trauen sich nicht, klar und deutlich zu artikulieren, was sie sich wünschen. Das zieht sich auch durch ihre Texte. Die Mails sind verbindlicher formuliert, auch hier finden sich abschwächende Worte und Konjunktive. Dabei genügt oft ein: „Ich brauche die Tabelle bitte bis 13 Uhr."

Was muss passieren:

==Das verlegene Kichern nach jedem Satz kann weg. Gegen ein Lächeln oder einen echten Lacher nach einer Pointe hat niemand etwas. Aber ich habe in zweieinhalb Jahrzehnten Berufsleben noch nie einen Mann verlegen kichern hören, weil er seine Aussage verharmlosen wollte.==

Frauen lassen sich immer noch zu oft mitten im Satz unterbrechen. Sie lassen sich ihre Ideen klauen, ohne diesen Diebstahl klarzustellen. Sie nehmen sich Kritik zu sehr zu Herzen, glauben, an allen Problemen seien sie irgendwie mit schuld.

Ich sage immer „die Frauen", dabei meine ich uns und will mich davon gar nicht ausnehmen. Seit ich selbst hin und wieder Bewerbungsgespräche führe, sehe ich von der anderen Seite der Sitzgruppe aus, welche Fehler wir Frauen in der Kommunikation machen. Und das sind immer noch verdammt viele.

Frauen setzen ihr Gehalt oft zu niedrig an, haben keine Zahl parat, senken den Blick, wenn sie über Geld sprechen sollen.

Soweit, so bekannt. Wo wir aber aufgeholt haben, das ist die Work-Life-Balance. Hier ist eine Generation unterwegs, die sich für den Job nicht mehr aufopfern will – und hier haben Frauen plötzlich die Nase vorn. „Ich will aber nicht am Wochenende arbeiten", „Reisen sind mir wichtig, aber nicht Mittwoch, da hab ich Pilates", „Welche Freizeitangebote gibt's denn hier?" – alles Fragen, die jetzt öfter kommen. Frauen scheinen langsam mit Männern gleichzuziehen, wenn es darum geht, nicht *zu viel* zu arbeiten. Also: Lieber auf die Bremse bei Geld und Karrierestufen, dafür mehr Freizeit. An dieses Arbeitsethos muss ich mich erst noch gewöhnen.

Für die meisten von uns gilt aber heute wie damals: Du bekommst nur das, wonach Du fragst. Niemand riecht, ob Du mehr Geld oder eine Beförderung willst. Du musst hartnäckig bleiben, gut vorbereitet und mit guten Argumenten in Gespräche gehen – und Dich klar ausdrücken.

Meine frühere Chefin ist hier mein Vorbild: Hart in der Sache, menschlich im Ton. Ihre Mails waren immer verständlich, enthielten eine Handlungsaufforderung und wenig Blabla. Die Folge: Sie rutscht alle paar Jahre eine lukrative Karrierestufe nach oben – was unter anderem ihrer klaren Kommunikation zu verdanken ist.

Für Frauen stellt sich immer noch die Frage: Wie schreibe und spreche ich so, dass andere Respekt vor mir haben? Und wie nehme ich Mansplainern den Wind aus den Segeln?

Denn hier gibt es immer noch richtig viel zu tun. Nach 25 Jahren im Job kann ich sagen: Frauen wurden mit den Jahren immer ängstlicher, perfektionistischer, wollen keine Fehler machen. Der Trend zur totalen Konsens-Kommunikation hat sich von Jahr zu Jahr verstärkt.

Ich sehe Mittzwanzigerinnen, die auf Social Media die taffe Festivalbesucherin geben, aber weinen, wenn jemand sie im Job sachlich kritisiert. Ich sehe Frauen, die privat mit Bier und Joint um die Häuser ziehen und in Beziehungen die Harte geben, aber immer noch zusammenzucken, wenn sie eine Gehaltsvorstellung äußern sollen. Sprache spiegelt den Zustand der Gesellschaft wieder. Auf ihren Accounts feiern sie sich dann für #empowerment, aber klare Kommunikation ist immer noch nicht ihr Ding.

> **Wir müssen nicht von allen gemocht – aber unbedingt von allen respektiert werden. Das Berufsleben ist nicht Instagram, wo man Likes kassiert.**

Hier geht's um Erfolg und Spaß im Job, um die eigene Positionierung und vielleicht auch um Karriere. Frauen schweigen – und sind weg, sobald ihnen etwas nicht mehr passt. Dabei könnten sie sich schon früh im Arbeitsleben einfach klar ausdrücken und viel erreichen.

Ich habe eine Netzwerkerin interviewt, die sich seit Jahrzehnten erfolgreich mit diesem Thema befasst. Ihre Kernfrage: Nicht nur *was* Frauen sagen und schreiben, führt zum Erfolg, sondern auch *wie* sie es sagen und schreiben.

Interview mit Business Coach und Autorin Monika Scheddin

Frau Scheddin, Sie bringen Ihren Leser:innen bei, mit Charakter, Charme und Charisma zu überzeugen. Was bedeutet das genau?

Im Business denken die meisten, dass wir mit Argumenten oder mit Kompetenz weiterkommen. Doch es geht nicht darum, Recht zu behalten, sondern in erster Linie die Beziehung zu pflegen.

Zum Beispiel hört sich ein Feedback ganz anders an, wenn ich statt „Das war eine gruselige Performance! Sie haben x Fehler gemacht!" sage: „Ihr Verhalten war in der Situation verhaltensoriginell. Das können Sie wesentlich besser!". Menschen an ihren Potenzialen und nicht an ihren Fehlern zu messen, macht einen großen Unterschied.

Anderes Beispiel: Wenn ich etwas fordere, wird mein Gegenüber weniger geben wollen, als wenn ich es wünsche. Worin besteht der Unterschied: Menschen spüren sehr gut, wie wir mit einem „Nein" umgehen würden. Ungünstig wird eine Situation immer, wenn jemand auf sein Recht pocht. Viel besser ist es, wenn ich meine Verhandlungspartner nicht als Gegner, sondern als jemanden betrachte, mit dem ich sowohl unterschiedliche als auch gleiche Interessen habe.

Eine Kundin hat mit ihrem Chef ihr neues Gehalt verhandelt und dabei charmant herausgestellt, wie gerne und wie erfolgreich sie in ihrer Führungsrolle ist und dass sie schrecklich gerne noch ein paar Jahre dableiben möchte. Sie nannte Ihre Gehaltsvorstellung, äußerte zudem den Wunsch nach drei Extra-Urlaubstagen und ergänzte dann: „Wenn Sie mich völlig glücklich machen wollen, dann fände ich es super, wenn Sie mir noch eine Coachingausbildung finanzieren würde, die mich als Führungskraft noch entspannter und souveräner machen wird!"

Ihr Chef reagierte erstaunt auf den kühnen Vorstoß und die Formulierung, erbat sich einen Tag Bedenkzeit, um ihr am nächsten Tag alle Forderungen ohne jede weitere Verhandlung zuzusagen.

„Ich war mir nicht sicher, ob „völlig glücklich machen" ein erlaubte Business-Formulierung ist – aber egal, sie kam einfach aus mir heraus und sie hat funktioniert!" strahlte sie. Nicht bei jeder wirkt ein solcher Satz authentisch, aber bei ihr passte er sehr gut.

Eine andere Kundin war mit ihrem Mann beim Shoppen und wollte unbedingt einen Wok. Ihr Mann hatte viele gute Argumente, warum ein Wok eine schlechte Anschaffung sei, insbesondere, weil sie selbst kaum kochen würde und die Küche zudem aus allen Nähten platze. Sie hörte sich seine Argumente ruhig an, versuchte es hier und da mit Gegenargumenten, um dann einfach nur zu sagen: „Du hast absolut Recht, Schatz. Ich hätte ihn einfach nur so gerne!" Und sie kriegte ihren Wok.

Zu ergänzen ist, dass sie sich den Wok jederzeit alleine hätte kaufen können, denn sie verdiente genauso viel wie ihr Mann. Es ging also nicht um Betteln, sondern um ins-Boot-holen.

Wenn Frauen und Männer das Gleiche tun, wirkt es dennoch unterschiedlich und wird auch jeweils anders bewertet. Dessen müssen wir uns bewusst sein und damit gut umgehen. Die Oskar-Preisträgerin Caroline Link erzählte in einer Podiumsdiskussion: „Wenn ich mich am Filmset vor Störungen abschotte und sage „Jetzt nicht!", heißt es gleich, ich wäre zickig. Macht mein Mann dasselbe wird er als fokussiert bewundert."

Sie haben über 25 Jahre Coaching-Praxis. Welche Kommunikationsfehler beobachten Sie bei Frauen im Berufsleben immer wieder?

Es sind im Wesentlichen vier:

1. Fokus auf Kompetenz
2. Mangelndes Netzwerk
3. Schlechte Selbst-PR
4. Der Verzicht auf Emotionen.

Frage ich im Coaching meine Kundinnen, wie sie wirken wollen, fällt immer ein Wort, nämlich „kompetent". Dazu kommen Begriffe wie zuverlässig, loyal, sympathisch etc. Männern fällt meist nur ein Wort ein, nämlich „erfolgreich". Zwischen „kompetent" und „erfolgreich" liegen wirkungstechnisch Welten. Wem würde man eine Vorstandsposition anbieten und wem die Assistenz? Wirkung ist nichts, dass ich meinem Umfeld überlassen muss. Wirkung kann ich aktiv steuern.

Noch viel zu viele Frauen sind sehr schlecht vernetzt. Netzwerken gehört schlicht nicht zu ihren Prioritäten. Damit verzichten sie auf Chancen.

Immer wieder erlebe ich, dass Frauen in ihren Stärken und Potenzialen erkannt werden wollen. Dem gegenüber stehen viele Führungskräfte ohne Potenzialblick. Auf eine smarte Art und Weise die eigene Leistung dort bekannt machen, wo sie gesehen werden soll, ist professionell und zielführend.

Immer werden Frauen Emotionen vorgeworfen: Sie seien „sensibel" oder „emotional". Als ob dies ein Fehler wäre. Für irgendwen sind wir immer zu irgendwas. Ohne Emotionen werden keine Produkte oder Dienstleistungen gekauft, denn wir wollen uns damit besser fühlen. Wer emotionale Sprache beherrscht, versteht Kunden und zeigt sich selbst emotional durchlässig. Verbindet oder grenzt sich ab. Je nach Ziel. Emotionen können kein Fehler sein, auch wenn sie dem, der damit klarkommen muss, lästig sein mögen.

In der Unternehmenskommunikation ging es lange um Authentizität und Storytelling. Was ist das neue große Thema?

Die beiden genannten Werte bleiben, doch die Corona-Krise und der Krieg zwischen Russland und der Ukraine zeigen uns mehr als deutlich, dass höher, schneller, weiter und Gewinnmaximierung um jeden Preis nicht mehr attraktiv sind. Geiz ist längst nicht mehr geil. Teilen-können, Menschlichkeit, Aufrichtigkeit, Wärme und Wertschätzung ist das, was wir alle brauchen und wollen.

Gibt es eine speziell weibliche Art, zu kommunizieren? Und ist die in manchen Situationen besser als die der Männer?

Bitte in sozialen Netzwerken um Unterstützung – und die Frauen sind an Bord. Nicht so gut sind sie darin, für sich selbst um Hilfe zu bitten. Hier befürchten sie, bedürftig zu wirken.

Frauen zeigen sich dezenter, was im Frauenumfeld gut ist. Unter „Jungs" dagegen muss man sich aktiver und deutlicher ins Spiel bringen und klar benennen, was man braucht oder, wo man gerne dabei wäre.

Wenn man sich Ratgeber für Business-Rhetorik durchliest, geht es dabei sehr viel um Körpersprache. Genauso wichtig ist ja, *was* Frauen sagen. Welche konkreten Sprach-Tipps haben Sie für Ihre Klientinnen?

Das wichtigste ist die Haltung. Denn Worte folgen der Haltung. Wie soll sich mein Publikum fühlen, nachdem ich die Bühne verlassen habe? Wie möchte ich in Erinnerung bleiben?

Kurze Sätze, langsam, denn die Zuhörer brauchen Zeit, das Gesagte zu verdauen. Sie hören es von Ihnen zum ersten Mal.

Geben Sie Beispiele, damit das Publikum Bilder entwickeln kann.

Struktur nach der AIDA-Formel. AIDA steht für Attention, Interest, Desire, Action. Finden Sie einen Aufhänger, der zur Zielgruppe passt. Bei einer interessanten Rede bleibt man dran und man verspürt den Wunsch etwas zu tun, zu lassen oder haben zu wollen. Und zum Schluss braucht es immer ein „Action!" Was genau soll ich tun oder lassen?

Benutzen Sie Worte, die Sie zieren. So könnten Sie Worte wie vergnüglich, verhaltensoriginell, suboptimal … einbauen.

In meinem Berufsleben erlebe ich oft Frauen, die schon anhand ihrer Wortwahl Zögerlichkeit und mangelndes Selbstwertgefühl ausdrücken. „Ich würde sehr gerne..." oder „Wenn es Dir nichts ausmacht..." tauchen zum Beispiel immer wieder auf. Wie kommen Frauen aus dieser unterwürfigen Nummer raus?

Ich hatte früher auch eine herzliche Abneigung gegen Konjunktive, weil ich die Absender als übertrieben bescheiden und nicht stark empfand. Heute weiß ich, dass selbstbewussten und starken Persönlichkeiten der Konjunktiv steht. Die Möglichkeitsform wird als beziehungsfreundlich erlebt und lässt dem Gegenüber die Wahl. Es macht einen Unterschied, ob ich um eine Sache bitte oder sie fordere. Bitten werden viel lieber erfüllt. Allerdings müsste ich gegebenenfalls auch mit einem Nein klarkommen.

Kai, würden Sie mir bitte die Budgetplanung bis Mittwoch zukommen lassen?

Wer sich allerdings tatsächlich minderwertig und klein empfindet, darf eine selbstbewusste Sprache üben. In der Übungsphase sind Übertreibungen wichtig. Hier empfehle ich tatsächlich, streng auf eine starke Sprache zu achten.

Kai, bitte schicken Sie mir die Budgetplanung bis Mittwoch zu.

Haben Sie eine No-Go-Liste mit Worten, die Sie Ihren Klientinnen an die Hand geben?

Nicht wirklich, denn mit der richtigen Haltung kann ich fast alles sagen. Ich trainiere viel lieber die Haltung als klare Regieanweisungen.

Dennoch gibt es vor der Umsetzungsphase eine Beobachtungs- und Übungsphase, in der ich meine Kunden bitte, auf Worte wie „man", „eigentlich", „vielleicht", „ein bisschen", „ich kann es ja mal versuchen" zu verzichten.

- *Man* kann auf ein geringes Selbstwertgefühl hinweisen. Besser: Durch *ich* ersetzen.
- *Eigentlich* nimmt den Inhalt des Gesagten nahezu komplett weg.
- *Vielleicht* ist kein Wort, das Sicherheit vermittelt.
- Ich habe mich *ein bisschen* verbessert – Besser: ersatzlos streichen.
- Und ein *Versuchen* gibt es nicht: Entweder ich tue es oder eben nicht. Von den Resultaten ist zu Beginn noch nicht die Rede.

Gibt es umgekehrt magische Worte, die jede in ihre Kommunikation einfließen lassen sollte?

Ich frage meine Kunden regelmäßig nach drei Adjektiven, wie sie in Erinnerung bleiben wollen. Das ist insbesondere bei wichtigen Meetings eine gute mentale Vorbereitung. Will ich korrekt, bescheiden, direkt, gnadenlos, rücksichtsvoll, humorvoll, interessant, kompetent, erfolgreich oder gewinnend in Erinnerung bleiben?

Die Worte folgen der Haltung.

Ich mag persönlich keine vernichtenden Feedbacks – weder für andere noch für mich selbst.

Es macht einen großen Unterschied, ob ich zu jemanden sage: „Das war jetzt richtig schlecht!" oder ob ich sage: „Karl, das war suboptimal. Das können Sie besser!"

Und es macht auch einen Unterschied, ob ich zu mir sage: „Scheddin, Depp, war das nötig?" oder ob ich sage „Monika, da warst du deutlich unter deinen Möglichkeiten!"

Ein besonders magisches Wort sollten wir lernen und uns merken, und zwar den Namen des Gegenübers.

Warum Roger Willemsen auch noch Jahre nach seinem Tod in Erinnerung bleibt... Roger Willemsen war ein deutscher Publizist, Fernsehmoderator und Filmproduzent. Wenn er sich in Frankfurt aufhielt, übernachtete er gern in dem gleichen Hotel wie ich, in der „Villa Orange" im Nordend. Noch heute, Jahre nach seinem Tod, kommt dort das Gespräch bisweilen voller Hochachtung auf ihn. Denn Roger Willemsen konnte etwas, was nicht viele können: Er war in der Lage, alle Mitarbeiter mit Namen anzureden. Wirklich jeden. Frühstücksmitarbeiter, Rezeptionisten, die Geschäftsführerin Christiane Hütte, die Zimmermädchen, einfach jeden. Er hat sich die Mühe gemacht, die Namen zu lernen, weil es ihm wichtig war.

Nichts hören Menschen lieber als ihren eigenen Namen. Es gab aber auch eine Zeit, zu Beginn der 2000er-Jahre, da wurde die Nennung des Namens unfassbar übertrieben. Es wurde in Verkaufstrainings gelehrt und massiv umgesetzt. So konnte es vorkommen, dass in einem Werbeanruf der Name gleich gefühlt 20 Mal genannt wurde.

Schön, dass ich Sie erreicht habe, Herr Hinterhuber. Geben Sie mir Recht, dass ..., Herr Hinterhuber? Sie wollen doch sicherlich auch ..., Herr Hinterhuber. Können wir uns drauf einigen, dass ...., Herr Hinterhuber? Dann rufe ich nächste Woche noch einmal durch, Herr Hinterhuber!

Menschen mit Namen anzusprechen, ist gut, doch wenn es eine reine Masche ist, reagieren die Angesprochenen genervt, denn sie merken schnell, dass es eben nicht wirklich um sie geht. Je nach Dauer des Gesprächs ergibt sich die nährende Dosis. Bei kurzen Gesprächen fällt der Name des Gesprächspartners vielleicht drei Mal (zur Begrüßung, mitten im Gespräch und bei der Verabschiedung). Bei längeren Gesprächen spreche ich meine Gesprächspartner maximal fünf Mal mit Namen an.

Es ist wie bei der Einnahme von Schmerzmitteln. Die richtige Dosis ist hilfreich, doch zu viel davon schlägt auf den Magen.

Oft ist Business-Kommunikation von Männern aufgesetzt und in Konzernabteilungen in Stein gemeißelt worden – könnte aber viel besser und verständlicher sein. Müssen sich Frauen mehr trauen?

Vor allen Dingen darf und muss Sprache in Konzernen emotionaler sein. Motivation (auch zum Kauf von Produkten oder Dienstleistungen) basiert immer auf Emotionen: Schlechte Gefühle, die ich vermeiden will oder gute, die ich unbedingt erzielen will.

Ja, Frauen dürfen sich mehr trauen.

Sie bekommen Feedbacks, sie wären zu emotional, zu sensibel … als ob dies ein Fehler wäre. Und vor allen Dingen „zu" im Vergleich zu was? Zu denen, die rein sachlich und analytisch kommunizieren? Eine Sprache, die berühren und motivieren soll, darf nicht blutleer sein.

Aber auch Männer dürfen sich mehr trauen. Immer wieder erlebe ich den Fall, dass sich Manager (beiden Geschlechts) auf eine 20-minütige Vorstandspräsentation tagelang vorbereiten – mit einer Powerpoint-Präsentation von über 100 Seiten. Das hat man immer schon so gemacht und man will beweisen, dass man sich Mühe gemacht hat und kompetent ist. Was für eine Verschwendung von Ressourcen! Wer selbstbewusst auftreten will, erlaubt sich eine Präsentation, die wirklich informiert: *Wo kommen wir her – wo stehen wir jetzt – wo wollen wir hin?* Dazu noch Risiken und Chancen. Fertig. Das Ganze locker im Storytelling-Stil mit maximal 10 Folien präsentiert.

Wieviel Gendern ist noch vereinbar mit schöner Sprache?

Das ist eine sehr gute Frage. Vor vielen Jahren fragte mich eine Journalistin in einem Interview, welche Berufsbezeichnung sie für mich anführen soll. Zu der Zeit war ich General Manager bei Microdynamics. Die Journalistin wollte mich Manager*in* nennen. „Ich fühle mich als Manager gut beschrieben", wehrte ich ab. „Wenn man von einem General Manager spricht, denkt man nicht an eine Frau. Sagt man der General Manager und sein Mann, stellt man sich ein schwules Paar vor, kommt aber zunächst nicht auf die Idee, es könne sich um eine Frau handeln", pariert die Journalistin. Dieses Argument hatte mich überzeugt. Dennoch tue ich mich (noch) schwer, mit dem korrekten Gendern, wenn es zwar korrekt, aber eben nicht ansprechend klingt.

1984, berichtet die feministische Linguistin Luise F. Pusch, verzichteten zwei Beamtinnen auf eine Beförderung, weil sie die Berufsbezeichnung „Amt*männin*" ablehnten, die sie als „Verunglimpfung" empfanden. Erst nach zwei Jahren wurde ihnen erlaubt, sich als symmetrische Bezeichnung *„Amtfrau"* zu nennen.

Ich möchte Studenten sagen können und nicht Studierende, zucke aber zusammen, wenn eine Frau sich Steuerberater oder Rechtsanwalt nennt. Als Mitglied im Ausschuss Unternehmerinnen der IHK München und Oberbayern war es mir ein Anliegen, dass wir in der Satzung nicht länger vom dem „Ehrbaren Kaufmann" sprechen. Erst seit diesem Jahr (2022) steht da: „Ehrbare Kaufleute".

Es ist wichtig, gemeint und nicht nur mitgemeint zu sein. Dies darf sich sprachlich zeigen. Dennoch sind mir Übertreibungen ein Gräuel. Kommunikation und Großzügigkeit werden den Weg weisen. Entwicklung braucht Zeit. Ich habe noch Briefe von Banken und Versicherungen mit der Anrede „Sehr geehrte Herren" bekommen.

Auf Ihrer Homepage finden sich schöne Zitate. Können Sie den Leserinnen eines für bessere Kommunikation an die Hand geben?

Wer über Probleme lachen kann, der schmust schon mit der Lösung. Humor ist die einzige Form der Ärger-Bewältigung, die Menschen miteinander verbinden kann.

Viel wichtiger als die Dinge richtig zu tun (Effizienz), ist es, die richtigen Dinge (Effektivität) zu tun. Der Schreibtisch ist super aufgeräumt, das Netzwerktreffen hast du dafür nicht geschafft? Die Mails sind abgearbeitet, für den Kinoabend mit Freunden bist du aber zu erschöpft. Wann bist du effizient, wenn effektiv besser wäre?

Lieber unvollkommen begonnen, als perfekt gezögert!

Alles, was wert ist, getan zu werden, ist es wert, mit Liebe getan zu werden.

Herzensziele sind wie Haustiere. Man muss sie täglich füttern.

Kritisieren kann jeder Depp. Und die tun es auch. Das Gute und Besondere in einer Person zu sehen und es ihr zu sagen – wer macht das schon?

Gerade in der Krise war die Kommunikation sehr männlich, Virologen, Politiker, Ärztevertreter. Haben Sie hier einen Rückfall in die „Ich erklär Euch mal die Welt"-Haltung früherer Tage gefunden?

Es ist nicht so, als ob es nicht in jedem Bereich hervorragende weibliche Expertinnen gäbe, nur drängen die nicht unbedingt in die Öffentlichkeit. Aus verschiedenen Gründen:

- Sie setzen auf Kompetenz. Erledigen die Dinge, die zu erledigen sind und empfinden PR und Selbstmarketing als Zeitverschwendung.
- Unverhältnismäßig viele Frauen erledigen den Hauptteil der Familienarbeit (Kinder, Pflege von Eltern). Es bleibt ihnen schlicht nicht so viel Zeit für Networking und Öffentlichkeitsarbeit.
- Öffentliche Expert*innen, insbesondere was Covid und die Pandemie angeht, werden ungeschützt Hatern zum Fraß vorgesetzt. Diesen Preis zu zahlen, dazu sind viele Frauen nicht bereit.

Bitte ein Tipp: Wie bringe ich einen Mansplainer charmant, aber bestimmt zum Schweigen?

Indem ich auf alle (weiblichen) Aufmerksamkeits- und Bestätigungsformeln verzichte: also kein höfliches Ausredenlassen, kein Lächeln, kein Blickkontakt, keine verbalen Zustimmungen wie *hmh, o.k., verstehe*. Es hilft nur, ins Wort zu fallen und das Ruder zu übernehmen.

Diese Reaktion ist ungewohnt und nicht auf Gefallen und Sympathie aus.

Meine persönliche Strategie setzt auf Verwirrung: Ich unterbreche, indem ich beispielsweise frage: „Sagen Sie mal, was sind Sie eigentlich für ein Sternzeichen?" oder „Sind Sie eigentlich noch ADAC-Mitglied?" Anschließend starte ich mein Anliegen – ohne auf die Antwort zu warten.

Sie waren selbst General Manager. Ändert sich die Sprache, je höher Frauen in der Hierarchie rutschen?

Ja, das tut sie. Zumindest anfangs. Wenn ich neu in ein vornehmlich männliches Territorium vorstoße, ist es schlau, zunächst zu schauen, welches Spiel gespielt wird. Ist es Fußball, kann ich nicht auf Handball bestehen. Erst wenn man sich positioniert hat, kann man Dinge verändern.

Wichtigste Regel für Frauen damals: Keine Gefühle, außer beim Fußball.

In meinem Fall wurde tatsächlich beim Mittagessen mit den Kollegen viel über Fußball geredet. Ich hatte keinen Schimmer und langweilte mich dermaßen, sodass ich begann, mich bewusst für Fußball zu interessieren. Wenn ich will, dass jemand meine Sprache spricht, ist es gut, auch seine zu lernen.

Außerdem ist Übersetzung notwendig. Ein „das fühlt sich nicht richtig an" kann man umformulieren in „ich rate aus drei Gründen davon ab".

In vielen Meetings wirken Frauen nicht so, wie sie wollen. Mit welchen Worten schießen sie sich oft selbst ins Aus?

Zum einen, indem sie ausschließlich positiv wirken wollen: zuverlässig, kompetent, loyal, teamorientiert, informiert und Co. Wer nur Positives in den Ring schmeißt und sich nicht zeigt, wirkt gar nicht. Bleibt nicht in Erinnerung. Interessant wirkt nur, wer sowohl Stärken als auch Eigenarten hat. Wie eine Suppe, die aus den feinsten Zutaten bestehend dennoch fade schmeckt, weil keine Würze hinzugefügt wurde. Es braucht Salz und andere Gewürze. Doch Zuviel davon macht eine Suppe ungenießbar. Zuviel „Macken" sind schlecht fürs Image, gar keine machen mich unsichtbar. „Sei eine Zumutung!" ist ein Satz, den ich im Coaching gerne mitgebe.

Dazu kommen Worte wie „eigentlich", vielleicht, ein bisschen, versuchen und wenn statt ich „man" gesagt wird. Das wirkt nicht selbstbewusst und stark.

Starke Frauen wirken immer noch angsteinflößend, wenn ihre Stärke nicht durch ein Lächeln quasi „entschuldigt" wird. Viele meiner Kundinnen wurden schon zum Lächeln aufgefordert. Ich bin stark dafür, dass wir viele Gründe und Anlässe zum Lachen und zum Lächeln (als die kleinste Form des Lachens) haben, doch nicht ohne Anlass. Das lässt Frauen nett aussehen. Nett ist ein anderes Wort für harmlos. Das können wir nicht wollen.

Business-Kommunikation besteht aus vielen Säulen. Wo darf sie noch weiblicher werden? Social Media? Newsletter? Pressmitteilungen?

Ach du meine Güte, da ist noch so viel zu tun. Schauen wir uns die ADAC-Mitgliederzeitung an. Frauen tauchen als Zielgruppe so gut wie nicht auf. Ich habe aus genau dem Grund meine Mitgliedschaft gekündigt.

Es kann auch nicht sein, dass Hersteller ihre Kunden nicht nach Verbesserungsvorschlägen fragen, oder ihre Bedürfnisse berücksichtigen. Dann gäbe es auch endlich Sicherheitsgurte, die Frauen passen.

Es fängt damit an, dass in Chefredaktionen von Frauenzeitschriften auch tatsächlich Frauen arbeiten. Dass in Firmen, die Produkte oder Dienstleistungen für Frauen anbieten, auch Frauen in der Produktentwicklung tätig sind.

April 2021: Zwei männliche Gründer bewarben sich in der Gründer-TV-Show „die Höhle der Löwen" mit ihrem Produkt Pinky Gloves, einem Einweghandschuh für den Tamponwechsel, der gleichzeitig als Müllbeutel fungierte. Eines der Argumente, warum dieses Produkt unbedingt nötig sei, war der Ekel vor entsorgten Tampons in einer

WG. TV-Investor Ralf Dümmel konnte sich einfühlen und investierte begeistert. Drei Männer, die wussten, was Frauen brauchen.

Was folgte war ein Shitstorm ungeahnten Ausmaßes. Viele Frauen finden das Produkt unnötig und in puncto Nachhaltigkeit ziemlich bedenklich. Statt praktisch sei das Menstruationsprodukt sexistisch. Es kam nicht auf den Markt.

Die Mutti-Falle

Glückwunsch zum Baby – Sie sind gefeuert! So heißt das Buch der Berliner Anwältin Sandra Runge. Seit sie selbst nach ihrer Babypause entlassen wurde, setzt sich die 46-jährige für Eltern ein. Millionen Frauen – und immer mehr Männer – kehren nach der Elternzeit wieder in den Job zurück. Und viele sehen sich nicht nur beruflich und rechtlich benachteiligt, sondern auch sprachlich abgewertet.

2021 wurden in Deutschland rund 795.500 Kinder geboren. Das ist die höchste Geburtenzahl seit 1997. 2021 stieg die Zahl laut Statistischem Bundesamt im Vergleich zum Durchschnitt der Jahre 2018 bis 2020 um zwei Prozent.

Klar ist: Die Corona-Krise, die Lockdowns, das Home-Office haben für ein Geburtenhoch gesorgt. Und auf dem Arbeitsmarkt wird deutlich, was sich schon seit Jahren abzeichnet: Wir brauchen bessere Lösungen für Eltern – und wir brauchen einen anderen sprachlichen Umgang mit ihnen.

Nicht nur Mütter, auch immer mehr Väter in Deutschland nehmen Elternzeit. Das sagt das Statistische Bundesamt im Mai 2021. Demnach haben 2020 rund 462 300 Väter Elterngeld bezogen. Jeder vierte Elterngeldbeziehende war männlich (25 Prozent). Zum Vergleich: Im Jahr 2015 waren es erst 21 Prozent.

Die Rückkehr in den Beruf wird für immer mehr Menschen wichtig. Und dann startet das Elend: Sie machen den Job am Anschlag, werden nur für 50 oder 60 Prozent bezahlt, fühlen sich am Limit, weil sie allen Aufgaben nur noch hinterherhecheln. Dieses Modell ist Gift. Es hat eine Generation von Frauen hervorgebracht, die lieber ihren Job schmeißen, als weiter in diesem schlecht bezahlten Spagat zu hängen.

Sandra Runge verteidigt hunderte solcher Eltern vor Gericht. Sie hat die Initiative *Pro Parents* mitgegründet, ist zusammen mit Promis wie Barbara Schöneberger und Marlene Lufen Teil der Brigitte-Kampagne #GleichesRechtfürEltern. Die Mutter zweier Söhne setzt sich unermüdlich dafür ein, dass Eltern im Arbeitsleben nicht benachteiligt werden –

weder rechtlich noch sprachlich. Das fängt schon bei den Gesetzen an. Im Herbst 2021 wurde das Mutterschutzrecht überarbeitet:

Ziel des Mutterschutzrechts ist es, den bestmöglichen Gesundheitsschutz für schwangere und stillende Frauen zu gewährleisten. Es soll nicht dazu kommen, dass Frauen durch Schwangerschaft und Stillzeit Nachteile im Berufsleben erleiden oder dass die selbstbestimmte Entscheidung einer Frau über ihre Erwerbstätigkeit verletzt wird. Damit werden die Chancen der Frauen verbessert und ihre Rechte gestärkt, dem Beruf während Schwangerschaft und Stillzeit ohne Beeinträchtigung ihrer Gesundheit und der ihres Kindes weiter nachzugehen.

Das ist die juristische Ebene.

==Die Sprache spiegelt wieder, wie Eltern im Job immer noch gesehen werden: Als Arbeitskräfte zweiter Klasse.==

Plötzlich bekommen sie Glückwunsch-Schreiben, es gibt Blumen, fortan darf jeder sie Mutti und Daddy nennen. Ein Kollege sagte mal in einem Meeting zu mir, als ich um 17 Uhr aufbrach: „Tsts, unsere Mamis – immer auf dem Sprung". Dass mein anderer Job *jetzt* startete, interessierte in dieser Runde nicht. Mütter sind immer für einen Lacher gut. Schön thematisiert wird das in der Netflix-Serie *Working Moms*.

Verniedlichung, Herabsetzung, aber auch unbewusste Rollenzuschreibungen begegnen Eltern immer wieder im Arbeitsleben. Hier gilt es, schon sprachlich einen Riegel vorzuschieben, damit aus der geschätzten Kollegin nicht die Mami wird.

Gleichzeitig ist es extrem schwierig, die entsprechenden Gesetze zu finden und zu verstehen. Werdende Mütter haben also ein doppeltes Sprach-Problem:

Nicht nur sind sie fortan die Frau, die unsichtbar *„Fällt ja bald sowieso aus"* auf der Stirn stehen hat. Die Rechtsprechung ist auch noch so kompliziert formuliert, dass sie oft anwaltliche Hilfe brauchen, um überhaupt durchzusteigen – und das in einer empfindlichen Phase in ihrem Leben. Nicht nur sind sie jetzt für ein kleines Lebewesen zuständig, sie können auch beruflich jeden Boden unter den Füßen verlieren, wenn sie nicht aufpassen. Und hier kann Sprache viel leisten. Die wenigsten Chefs und Chefinnen lassen sich aus Vorsicht zu abwertenden schriftlichen Bemerkungen hinreißen. Mündlich gibt es dafür umso mehr Trigger-Wörter, die Eltern herabsetzen. *Teilzeitmutti* ist so eins. Männer fühlen sich laut Sandra Runge beim Wort Teilzeit gar nicht angesprochen. Es ist automatisch weiblich besetzt. Die Herren muss man eher mit *vollzeitnaher Arbeit* oder mit *Jobsharing* ködern.

==So, wie es Mansplaining gibt, gibt es auch Elternbashing.==

Aber was tue ich dagegen? Wenn es subtilere Schikanen und abwertende Bemerkungen sind, rät Sandra Runge zu innerbetrieblichen Maßnahmen wie Beschwerdestellen oder Betriebsräte. Oft hilft auch ein Gespräch mit dem oder der Vorgesetzten.

Für alle Eltern im Beruf extrem wichtig: Eine Rechtsschutzversicherung. Jeder Streit mit dem Arbeitgeber kann richtig teuer werden, daher sind die paar Euro im Monat gut investiertes Geld.

Die wichtigsten Bullshit-Sätze drehen sich laut Buchautorin Sandra Runge vor allem um die Verkündung einer Schwangerschaft. Da gibt's oft vergiftete Glückwünsche, mit Blumen, Windeltorte etc. gleichzeitig läuft beim Arbeitgeber dieser Film ab: Die ist jetzt raus.

Neben dieser subtilen Herabsetzung gibt es die knallharte Elterndiskriminierung schwarzweiß: Gesetze sind für Laien nicht verständlich. Beispiel: Das Rückkehrrecht nach der Elternzeit auf einen gleichen oder gleichwertigen Job kann man laut Sandra Runge in keinem unserer Gesetze verständlich nachlesen.

„Unfassbar, dass eine Mutter, die wissen will, welche Rechte ihr zustehen, etwas so Essentielles nirgendwo nachschlagen kann. Hier schwingt immer noch der Geist von Altkanzler Gerhard Schröders Spruch aus den 90ern mit: Elternangelegenheiten und Familienpolitik sind Gedöns."

==Wie sollen wir also in Zukunft kommunizieren, damit sich Eltern von vornherein nicht benachteiligt fühlen? Ganz einfach: Klar und verständlich und ohne automatische Rollenzuschreibung.==

4 Ausflug in andere Sprachkatastrophen – und, was die Unternehmenskommunikation daraus lernen kann

Die Pandemie: Krisenkommunikation

Ob RKI-Verlautbarungen, Virologen-Podcast oder Kultusministeriums-Beschlüsse: Die vergangenen Jahre haben unser Lebens-, aber auch das Sprachgefühl auf eine harte Probe gestellt.

Normalos mussten plötzlich zu Experten mutieren, Begriffe wie *Hospitalisierungsrate, R- und Inzidenzwert* gehörten plötzlich zu jeder Konversation.

Wieso hat hier keiner die Sprach-Notbremse gezogen? Gerade jetzt wäre es doch wünschenswert, klar zu kommunizieren.

> **Plötzlich sind wir alle Virologen – und seit dem Beginn des Ukraine-Konflikts auch 83 Millionen Militärstrategen.**

Gefühlt sind wir alle seit mehreren Jahren in einem globalen Ausnahmezustand. Die Politik muss sich vor allem in Krisenkommunikation bewähren. Die Frankfurter Allgemeine Zeitung stellt Gesundheitsminister Karl Lauterbach in Sachen Kommunikation in der Krise ein lausiges Zeugnis aus, dieser Meinung schließe ich mich vollumfänglich an:

Wer immer nur warnt und ermahnt, anstatt Probleme wirklich anzugehen, der darf sich nicht wundern, wenn die Leute da draußen irgendwann mürbe werden. Auch Regierungsarbeit ist ein Business. Auch hier braucht man gute Kommunikation. Bei einem Auto-Konzern sind nur Kundinnen und Kunden betroffen, bei tagesaktueller Politik gleich das ganze Land. Der Staat *muss* gut kommunizieren. Tut er aber nicht immer.

Oft höre ich das Argument: In der Haut der Politikschaffenden mag ich aber auch nicht stecken. Aber darauf sind diese Menschen trainiert. Der Ernstfall muss durchaus mitgeplant sein. Das Leben als Abgeordneter besteht nicht nur aus Plenarsitzungen, Interviews und TikTok-Tanz-Videos. Es ist auch handfeste Politik zu machen, die Leute draußen wollen Antworten und Lösungsansätze, eine gute Fehlerkultur – und auch mal eine Entschuldigung.

Was wurde eigentlich aus der guten alten Entschuldigung? Um das Gesicht nicht zu verlieren, handeln viel zu viele Politiker nach dem Prinzip der verstorbenen Queen *Never complain, never explain:* beschwer Dich nicht, rechtfertige Dich nicht. Außer der zurückgetretenen Familienministerin Anne Spiegel weiß ich in jüngerer Vergangenheit von fast keinem Mitglied des Polit-Establishments, das gesagt hätte: „Okay, das lief nicht optimal, ich schmeiß hin" oder „den Skandal klären wir zügig auf"". Stattdessen: Augen zu und durch.

Beim Fernsehen sagen wir: Das versendet sich. Leider versendet sich in den sozialen Medien gar nichts. Noch Jahre später können Tweets gefunden und zitiert werden. Das müssen Politikschaffende im Jahr 2023 einfach auf dem Schirm haben. Sie sitzen zwar für vier Jahre vermeintlich fest im Sattel. Trotzdem werden sie an dem gemessen, was sie tun – und an dem, was sie sagen und schreiben. Und auch das ist eben gute Kommunikation: Langfristig, flexibel, authentisch.

Für die Politik hängen an guter Kommunikation Wahlstimmen, für Konzerne geht es um Verkaufszahlen.

==Gute Konzernkommunikation ist schon in ruhigen Zeiten eine Kunst. In Krisenzeiten ist sie ein Tanz auf dem Vulkan.==

Unternehmen müssen sich immer wieder durch stürmische Gewässer schippern. Ob sie ein Produkt zurückrufen, ob es einen Flugzeugabsturz gibt oder eine Pannenserie wie am BER – die Katastrophen können entweder schnell auftreten oder sich langsam aufbauen.

Ist die Krise da, darf das Unternehmen keine Zeit verlieren und muss sofort kommunizieren. Schadensbegrenzung ist hier das Wichtigste. Außerdem behält die Firma die Deutungshoheit in der Hand. Der Urlaub auf Malle muss zur Not unterbrochen werden, wenn's brennt. Große Firmen haben ein Social Media Team, das 24/365 verfügbar ist und in Schichten arbeitet. Das Netz schläft schließlich nicht.

Das ist mittlerweile Krisen-Basis-Wissen in jeder Kommunikations-Abteilung. Aber welche Sprache nutze ich als Unternehmen in der Krise?

Die Politik hat hier parteiübergreifend in der Krise versagt.

Die Sprache war oft unverständlich, abstrakt, Fachbegriffe, Zahlen und Studien wurden uns nur so um die Ohren geworfen.

Das sind die wichtigsten Regeln der Krisenkommunikation:
- so viel sagen wie nötig, so wenig wie möglich
- klare, kurze Sätze
- Fakten
- das Wir betonen
- keine Relativierungen
- positive Formulierungen
- Empathie
- Gelassenheit
- Fehler einräumen

Als die Ex-Bundeskanzlerin Angela Merkel im Frühjahr 2021 ihre legendäre Osterruhe, also einen Mini-Lockdown über die Feiertage bekanntgab, hagelte es Kritik. Sofort machte sie in einer Pressekonferenz eine Kehrtwende und erklärte sich alleine verantwortlich für die unglückliche Entscheidung. Ein smarter Move, der leider immer seltener wird.

Stattdessen: Ansprachen und Anschreiben, die keiner versteht:

Ende Februar hatten meine Kinder und ich Corona. Nachdem wir beim PCR-Test und brav daheim in Isolation waren, kamen drei aufeinanderfolgende achtseitige (!) Schreiben per Post zu uns nach

Hause. Zeit zum Lesen hatten wir ja, nur verstehen konnten wir nur die Hälfte. Denn selbst in dieser Lage, in der Menschen mit Fieber daheimliegen und einfach nur schnelle Informationen brauchen, was jetzt zu tun ist, verstehen sie: Nada.

Allgemeinverfügung „Quarantäne von Kontaktpersonen und von Verdachtspersonen, Isolation von positiv auf das Coronavirus SARS-CoV-2 getesteten Personen (AV Isolation)" vom 31. August 2021 des Bayerischen Staatsministeriums für Gesundheit und Pflege, zuletzt geändert durch die Allgemeinverfügung vom 01. Februar 2022 (nachfolgend als „Allgemeinverfügung" bezeichnet, siehe Link auf der letzten Seite).

Das steht also fettgedruckt über dem Schreiben für eine 10-jährige. Leute, ganz ehrlich, was soll das? Verschont uns mit Eurem Juristendeutsch. Menschen, die dieses Schreiben bekommen, sind keine Anwälte, sondern kranke Bürgerinnen und Bürger. Und die wollen kein Vertragswerk mit Anführungszeichen und Abkürzungen, mit Daten, die ihnen nichts sagen. Die wollen klare Handlungsanweisungen.

Dass sich ein Ministerium nach zweieinhalb Jahren Pandemie nicht in der Lage sieht, das zu formulieren, ist bitter.

Weiter unten heißt es:

Hinsichtlich der im Einzelnen einzuhaltenden Maßnahmen während Ihrer Quarantäne verweisen wir auf das „Merkblatt für infizierte Personen" sowie die Allgemeinverfügung, hier insbesondere auf die Ziffern 2.2 bis 2.5. und die Ziffern 3 und 5.

Was soll ich tun? Wo ist dieses Merkblatt? Wo kann ich die Allgemeinverfügung finden? Fragen über Fragen ploppen beim Lesen von dreieinhalb Zeilen auf. Wieso sind Millionen von Menschen gezwungen, sich dieses Betondeutsch irgendwie zugänglich zu machen? Wieso kann ein Ministerium nicht einfach zwei Textprofis daransetzen, ein paar gute Sätze zu formulieren?

Schon klar, die Gesetzestexte lesen sich genauso. Das macht juristisch vielleicht Sinn. Aber die Aufgabe von Regierungsvertretern, ob auf Bundes- oder Landesebene, ist es, mit der Bevölkerung verständlich zu kommunizieren und sie nicht (zumal in einer Krankheitssituation) mit Satzmonstern zu malträtieren.

Was also haben die Menschen in der Pandemie getan, um die Informationsflut zu wuppen? Sie haben sich selbst Fakten beschafft. Ob im Fernsehen, Radio, Tageszeitungen oder Internet, überall mussten Medienleute den Job machen, den die Behörden hätten machen sollen: Expertendeutsch in normales Deutsch übersetzen.

==Jedes Unternehmen, das Bundesgesundheitsministerium oder jede Werbeagentur, muss dialogbereit und transparent kommunizieren. Nur das macht es glaubwürdig. Die Salami-Taktik, Wahrheit nur schweibchenweise herauszurücken, wirkt unseriös.==

Ich wollte wissen, wie gute Krisenkommunikation in der Politik geht. Vom ehemaligen BILD-Chef Julian Reichelt habe ich aber genau das Gegenteil erfahren: Wie sie eben nicht geht.

Reichelt liebt die Boulevardsprache, ihre Verknappung. Der perfekte Satz ist für den Ex-BILD-Chef derjenige, der das Komplizierteste so kurz und emotional macht, dass Millionen Menschen Zugang finden.

Reichelt hat mit seinem Internet-Format „Achtung Reichelt" eine große Followerschaft aufgebaut und handelt auch hier nach dem Motto: *Nicht alle Menschen können alles ausdrücken, was sie empfinden. Aber alle Menschen verstehen, wenn man ausdrückt, was sie empfinden.* **Gutes Deutsch ist die Mühe um das präziseste Wort.**

Klare Sprache ist für ihn das wichtigste Ventil freier Gesellschaften. Menschen, die sich verstanden, angesprochen und somit mit einer Stimme ausgestattet fühlen, sind demnach deutlich besser davor geschützt, sich in empfundenen Frustrationen zu verheddern und zu radikalisieren. Die Verbreitung des Wortes „Schwurbler", gedacht, um jede abweichende Meinung zu diskreditieren ist ein Beispiel dafür, wie es *nicht* geht. Sprache soll integrieren, nicht spalten. Und dafür muss sie verstanden werden – von allen!

Und hier kommt Politikern und Journalisten eine besondere sprachliche Verantwortung zu, der beide laut Reichelt in der Krise nicht nachgekommen sind.

Hier werden manche widersprechen. Dass aber Politik – und zwar egal, welche – Sprache nutzt, um die eigene Macht zu zementieren, ist unbestritten.

Der Journalist selbst bevorzugt als Social Media-Kanal Twitter – aus Lust an der Verknappung. Und tatsächlich: Wer klare Sprache liebt, ist bei Twitter gut aufgehoben.

Ich weiß: Reichelt ist umstritten, aber seine Liebe zu klarer Sprache ist unbestritten.

Politik-Sprache – Zeit für Klartext

Mitten in der umfassendsten Krise seit dem zweiten Weltkrieg brauchen wir Politiker, die Klartext reden, die sich sprachlich auf Augenhöhe mit den Leuten begeben. Ex-US-Präsident Donald Trump wurde oft verlacht für Statements wie…

Können Sie glauben, dass ich ein Politiker bin? Nicht mal ich kann das.

Ich könnte für jedes Amt kandidieren, wenn ich wollte. Aber ich will nicht.

Ich habe das Weiße Haus seit Monaten nicht verlassen.

Egal, was man politisch von dem Mann hält: Er spricht so, dass das alle verstehen. Trump hat bis zu seiner Twitter-Sperre gepostet, was das Zeug hält. Der knappe Schreibstil dort entspricht seinem Sprachstil.

Auch bei uns gilt: Politikschaffende müssen nicht nur gut sprechen, sondern auch schreiben – und das für alle Plattformen, in allen Facebook-Posts und Tweets. Natürlich haben Abgeordnete und Ministerinnen oft ein Team und Redenschreiber. Der Stil muss aber aus einem Guss sein.

==**Die besten Redner im Deutschen Bundestag sind diejenigen, die Klartext sprechen.**==

FDP-Mann und Jurist Wolfgang Kubicki und die Linke Sarah Wagenknecht. Man kann anderer Meinung sein, aber verstehen kann man sie meistens. Selten setzen aber auch sie Tweets ab, die verbesserungswürdig sind;

Wolfgang Kubicki kommt bisweilen nicht von seinem gelernten Juristendeutsch los. Sein Post vom 8.Juli 2022 beginnt so:

Nachdem das Robert-Koch-Institut ohne Angaben von nachvollziehbaren Gründen mehr als zwei Monate keine Daten zur Impfeffektivität veröffentlicht hat, liegt seit gestern der erste Monatsbericht zum Monitoring des Impfgeschehens vor.

Dreieinhalb Zeilen, ein Satz, Substantivstil. Das geht kürzer und klarer:

Wie effektiv ist die Impfung? Dazu hat das RKI zwei Monate lang keine Daten veröffentlicht. Seit gestern gibt es den ersten Monatsbericht zum Monitoring.

Oder das hier.

Im Hinblick auf die weiteren Diskussionen zur künftigen Corona-Politik sind beide Antworten des Bundesgesundheitsministeriums auf meine schriftlichen Einzelfragen interessant.

Im Hinblick auf...warum schreibt er nicht?

Ich habe am....folgende Fragen an das Bundesgesundheitsministerium gestellt – und das sind die Antworten:...

Jeder Post könnte auch ein Anwaltsschreiben sein. Kubicki-Posts bekommen gerne mal drei bis 4000 Likes. Ich behaupte: Mit prägnanteren Sätzen könnten es noch viel mehr sein.

Ein ganz neuer Rednertyp hat sich in der Politik herauskristallisiert: Es ist der Sprachstil von Landwirtschaftsminister Cem Özdemir (Bündnis90/Grüne) und Robert Habeck (Bündnis90/Grüne). Der Wirtschaftsminister war früher Kinderbuchautor, hat vier Söhne. Die Energie-Sparappelle und Horror-Szenarios, die er im Sommer 2022 so sanft verwuschelt ausbreitet, wirken gleich weniger schlimm, weil er eine verbindliche und verständliche Art hat, zu sprechen.

Sitzen dagegen Wissenschaftler bei Markus Lanz in der Talkshow, rätseln hinterher viele Twitter-User: Was haben die denn jetzt eigentlich gesagt?

==Sprachlich wie menschlich hat die Pandemie also nicht nur das Beste aus uns allen herausgeholt.==

Nur wenige Politikerinnen und Politiker sind in den zweieinhalb Jahren durch klare Worte und verständliche Sätze aufgefallen. Einer von ihnen ist der bayerische FDP-Fraktionschef Martin Hagen. Nachdem wir uns mehrmals gemeinsam für bessere Bildung in der Pandemie engagiert haben, hat er sofort zugestimmt, mir dieses Interview zu geben:

Interview mit Martin Hagen, Fraktionsvorsitzender der FDP im Bayerischen Landtag

Herr Hagen, Sie sind Fraktionsvorsitzender der FDP im Bayerischen Landtag, Landesvorsitzender der FDP Bayern und Mitglied des FDP-Bundesvorstands. Wie würden Sie Ihren Sprachstil bei der Arbeit bezeichnen?

Ich tue mich schwer damit, meinen eigenen Sprachstil zu beschreiben. Eine Zeitung hat meine Reden im Landtag mal als „sachkundig, pointiert und auch witzig" bezeichnet – mit diesem Urteil kann ich sehr gut leben.

Warum nutzen viele PolitikerInnen immer noch eine Sprache, die von den Menschen draußen nicht verstanden wird?

Wir verhandeln in der Politik sehr komplexe Sachverhalte. Die Kunst ist es, diese Sachverhalte sprachlich präzise zu erfassen und sie dabei gleichzeitig so zu vereinfachen, dass jeder versteht, worum es geht. Das gelingt mal mehr und mal weniger gut.

Gerade in komplexen Zeiten sollten die Äußerungen des politischen Personals doch Klarheit bringen. Stattdessen stiften sie oft noch mehr Verwirrung. Woran liegt das?

Oft ist es schlicht rhetorisches Unvermögen. Aber es gibt natürlich auch den anderen Fall: Politiker, die absichtlich Nebelkerzen zünden und auf konkrete Fragen möglichst unkonkret antworten. Ihnen das nicht durchgehen zu lassen, ist Aufgabe der Journalisten.

Was ist Ihrer Meinung nach der größte Sprachmurks, den wir in den letzten Jahren erlebt haben?

Die Versuche, Sprache genderneutral zu gestalten, haben mich bisher nicht so recht überzeugt. In der Straßenverkehrsordnung heißt es jetzt nicht mehr „Fußgänger", sondern „zu Fuß Gehende". Ein scheußliches Deutsch.

Was war der übelste Sprach-Fauxpas, den Sie in der Politik erlebt haben?

Ein Fauxpas ist ja per Definition unbeabsichtigt. Schlimmer finde ich, wenn Sprache ganz bewusst missbraucht wird, um Menschen herabzuwürdigen. Da fallen mir schon ein paar Zwischenrufe von Rechtsaußen im Parlament ein, die ich aber jetzt nicht wiedergeben möchte.

Und welches politische Schlagwort können Sie nicht mehr hören?

Der Begriff „Solidarität" wird inzwischen total inflationär benutzt. Wenn Politiker ihn verwenden, sollten die Bürger hellhörig werden, denn dann wird es für sie meistens teuer oder man will ihnen ein bestimmtes Verhalten aufzwingen. Echte Solidarität ist immer freiwillig und jeder entscheidet selbst, mit wem oder was er sich solidarisiert.

Bitte erzählen Sie uns aus dem Alltag eines Berufspolitikers: Wo und wie arbeiten diese Leute an ihrem Stil? Coachings? Fortbildungen? Externe Texter? Ist das überhaupt wichtig?

Was Texte angeht, bin ich sehr eigen – ich schreibe grundsätzlich alles selbst, egal ob Reden, Gastbeiträge oder Social-Media-Posts. Da bin ich aber eher die Ausnahme als die Regel. Was ich jedem zumindest einmal empfehlen würde, ist ein Rhetorikseminar. Auch wenn man schon vorher meint, ein guter Redner zu sein – die Profis haben immer gute Tipps parat. Ich zum Beispiel habe das Rednerpult im Landtag anfangs immer ein paar Zentimeter zu hoch gefahren, bis mir ein Rhetoriktrainer gesagt hat, dass ich damit den Raum für meine Gestik einschränke. Solche kleinen Dinge machen viel aus.

Sie selbst gelten als Freund klarer Worte. Was stößt Ihnen bei Kolleg*innen konkret auf? Zu viele Substantive? Zu komplizierte Sätze? Floskeln?

Wenn jemand viel redet und wenig sagt. Man hört jemandem eine gefühlte Ewigkeit lang zu und am Ende fragt man sich: Was war jetzt eigentlich die Botschaft?

Wie lang ist die perfekte Rede?

Das kann man so pauschal nicht sagen. Ein schlechter Redner langweilt schon nach wenigen Sätzen, ein richtig guter kann sein Publikum über eine Stunde hinweg fesseln. Im Bayerischen Landtag richtet sich die Redezeit ja nach der Größe der Fraktionen. Da die FDP derzeit noch die kleinste Fraktion ist, rede ich also immer am kürzesten. Bei manchen Debatten habe ich nur drei Minuten. Das diszipliniert ungemein: Wenn die Uhr tickt, muss jedes Argument sitzen. Keine Zeit für Geschwafel. Und das schult einen dann auch für längere Reden. Auf Parteitagen spreche ich gerne so eine gute halbe Stunde. Wichtig ist dabei, zu merken, wie das Publikum während der Rede reagiert: Wo lohnt es sich, noch einen draufzusetzen, und wo kürzt man besser ab?

Sie waren selbst Kommunikationsberater. Welchen Sprach-Tipp haben Sie all Ihren Klienten gegeben?

Authentisch bleiben. Das ist das A und O. Die Leute merken, wenn sich jemand verbiegt.

Sie sind Fan und Mitglied des TSV 1860 und gründeten den Löwen-Stammtisch des Bayerischen Landtages. Brauchen wir viel mehr bürgernahe Sprache?

Ich glaube, Bürgernähe führt automatisch zu bürgernaher Sprache. Wenn ich nach dem Stadionbesuch noch in einer der Giesinger Kneipen ein Bier trinke, werde ich auch schon mal auf politische Themen angesprochen. Mit Behördendeutsch brauchen Sie da niemandem zu kommen.

Welcher Politiker/welche Politikerin ist Ihr sprachliches Vorbild?

Die Rhetorik von Guido Westerwelle habe ich immer bewundert. Er war einer der Gründe, warum ich als Schüler in die FDP eingetreten bin. Westerwelle hat sehr klar gesprochen und Dinge zugespitzt. Was er gesagt hat, fand man entweder gut oder man lehnte es ab, aber egal war es niemandem.

Was raten Sie Berufs-Neulingen in der Politik? Die kommen ja gerne mal von der Uni und nutzen den umständlich-akademischen Stil, den sie für gehoben halten?

Gehobene Sprache ist prinzipiell nichts Schlechtes. Sie muss halt zum Redner passen und zur jeweiligen Situation. Entscheidend ist, dass die Sprache verständlich ist, dazu am besten noch lebendig und bildhaft. Eine Rede, die sich anhört, als würde jemand einen Gesetzestext ablesen oder aus einem Lehrbuch zitieren, ist Mist.

Warum ist klare und für alle verständliche Sprache vor allem in der Politik so wichtig?

Weil die Politik alle betrifft. Demokratie darf kein Elitenprojekt sein und auch sprachlich niemanden ausschließen. Wenn das Volk seine Volksvertreter nicht mehr versteht, wendet es sich von ihnen ab.

Promi-Berichterstattung – schlechtes Vorbild für Millionen

Das hier ist nur ein kurzer Exkurs, dennoch ein wichtiger. Denn die Texte, um die es hier geht, lesen unfassbar viele Leute. Alle schauen auf die Stars – doch offenbar schaut niemand über die *Schlagzeilen* und erst recht nicht auf das, was sie selbst auf Social Media schreiben.

==Auf einem durchschnittlichen deutschen Promi-Account finden sich mehr Floskeln als in jedem Bauernkalender.==

Noch schlimmer ist es auf Online-Celebrity-Seiten:

Bei der Hochzeit von Finanzminister Christian Lindner und seiner Franca wird „nicht geknausert", Fitness-Queen Pamela Reif „plaudert aus dem Nähkästchen", bei Meghan und Harry ist gar „Hopfen und Malz verloren". Promis strahlen „wie die Honigkuchenpferde", auch, wenn niemand weiß, was damit gemeint ist.

Stars und Influencer sind nicht immer textsicher – obwohl ihre Captions, also der Text unter dem Foto, von Millionen Menschen gelesen werden. Statt hier Vorbild zu sein, posten sie Quatsch voller Rechtschreibfehler und verlassen sich auf ihre Fotos.

==In diesen Sphären sind Texte kein Hobby, sondern Business.==

Influencer wollen verkaufen, Schauspieler bewerben ihre neue Serie, C-Promis brauchen PR. Wie schwer kann es sein, ein paar korrekte Sätze unters Bild zu hauen, oder im Zweifel die Freundin gegenlesen zu lassen?

Für Influencerin Cathy Hummels (692 Tsd. Follower) kommt „nach Regen bekanntlich Sonnenschein", für Schauspieler Jimi Blue Ochsenknecht (264 Tsd. Follower) scheinen Komma-Regeln nur noch eine freundliche Empfehlung zu sein, Model Stefanie Giesinger langweilt ihre 4,7 Millionen Follower gar nicht erst mit langen Texten. Es sei denn, sie wirbt für gute Zwecke wie eine Trinkwasser-Kampagne. Und dieser Text ist dann auf Englisch...

In diesem Spannungsfeld aus schlampig, ruppig und sparsam bewegen sich die meisten deutschen Promi-Accounts textlich. Doch da geht noch viel, viel mehr.

==Das Tückische am Texten für Instagram: Die Fotos dominieren. Die Texte sind nur noch halb so wichtig.==

Was ich tun würde: Jede Caption einem radikalen Floskel-Check unterziehen. Alles, was keine wirkliche Aussage hat, kann raus. Lieber zwei gute Hashtags und einen Halbsatz als jede Menge halbguter Kalenderweisheiten!

Mieses Deutsch fürs Leben – Schulbücher

In den vergangenen drei Jahren hatte ich (wie wir alle) dank Homeschooling öfter mit Schulbüchern zu tun, als mir lieb ist. Ich blätterte mich durch Substantiv-Blabla und tauchte in ein Meer aus ermüdenden Schachtelsätzen. Mein Ergebnis:

==Die Jugend von heute bekommt so schlechtes Deutsch serviert, dass es zum Heulen ist.==

Daher habe ich beschlossen, der Sprache an Schulen ein eigenes Kapitel zu widmen.

Jede Reform in unserem Bildungswesen ist so schwerfällig, so verspätet und so umständlich – es ist zum Ausrasten. Mein Sohn hat ein Informatikbuch aus dem Jahr 2000. Es ist 22 Jahre alt. Älter als er selbst. Unglaublich.

Auch Schulen sind ein Business. Auch Schulen haben am Ende mit Kunden und Kundinnen zu tun – wenngleich die nicht freiwillig da sind. Laut statistischem Bundesamt gab es 2021 fast elf Millionen Schüler*innen. In der Pandemie saßen die alle plötzlich zu Hause und hatten im besten Fall Online-Unterricht, im schlechtesten Fall lieblos zusammengeschusterte Arbeitsaufträge und DIN-A4-Blätter in unverständlicher Sprache. Kein Wunder, dass einige Kinder und Jugendliche mental ausgestiegen sind.

Wer mit guten Materialien arbeitet, lernt einfacher und schneller und prägt sich Inhalte besser ein. Die Uni Frankfurt legt in einer Studie 10 Merkmale guten Unterrichts fest. Schon hier würde ich im Titel nicht mit einem Genitiv arbeiten, aber gut. Im Unterkapitel *Indikatoren für eine klare Strukturierung des Unterrichts* heißt es:

Die direkt beobachtbare Klarheit der Strukturierung des Unterrichts zeigt sich z.B. – in der verständlichen Schüler- und Lehrersprache.

Ernsthaft? Die Menschen, die der nächsten Generation beim Lernen helfen sollen, drücken sich selbst so aus? Wieso formulieren AkademikerInnen so verkopft? Wie wäre es, diesen Satz einfach umzuschreiben?

Wer klaren Unterricht macht, spricht und schreibt verständlich.

So einfach, so gut.

Leider stehen Millionen Schulabgänger*innen jedes Jahr im Berufsleben und merken, dass sie mit ihrem verkopften, vor Fremdwörtern strotzenden Deutsch aus der Schule rein gar nichts anfangen können. Sie können Gedichtinterpretationen schreiben, haben hochprofessionelles Labern gelernt und können nicht einen verständlichen Satz schreiben. Woher auch?

Lehrkräfte an unseren Schulen haben – bis auf die Quereinsteiger und Aushilfen – in der Regel nie in der freien Wirtschaft gearbeitet. Sie sind zum Großteil verbeamtet und unkündbar auf Lebenszeit. Der Bücherkanon ist in Zement gegossen. Noch immer lesen Kinder Böll und Brecht und Thomas Mann. Dabei gäbe es Hunderte anderer spannender Autorinnen und Autoren.

Noch immer gibt es allen Ernstes für Aufsätze Seiten- und Zeitenvorgaben. Kann man nicht einfach genauso viele Seiten schreiben, wie es Sinn macht?

Und dann ab damit?

Thilo Baum unterscheidet zwischen Präzision und Prägnanz. Die präsisesten Texte sind oft kompliziert und verkopft. Prägnante Texte kann man sich merken.

In Deutschland gibt es Hunderte Verlage – aber vor allem drei große Schulbuch-Player: Den Cornelsen Verlag, Westermann und Ernst Klett. Sie alle haben viele Tausend Bücher im Programm (schon im Verlagstext heißt es Titel statt Bücher – warum? Das ist, als würde man zu einer Ampel konsequent Lichtzeichenanlage sagen. Niemand außer Verlagsmenschen spricht so.) Außerdem bieten sie Unterrichtsmaterialien zum Download an. Das klingt alles prima – sofern die Kinder und Jugendlichen die Sprache auch wirklich verstehen.

Werfen wir doch mal einen Blick in ein paar Schulbücher. Ich habe hier exemplarisch einen Stapel liegen. Es sind Bücher für die Klasse 10 eines typischen städtischen Gymnasiums. Die Mittelstufe mit der Pubertät steht hier beispielhaft für die Jahre, in denen Teenies einen eigenen Sprach- und Schreibstil entwickeln. Und ausgerechnet in Büchern, mit denen sie täglich konfrontiert sind, steht ein Deutsch, das sie so niemals lernen sollen. Ein paar Beispiele:

Aus dem Buch *Geschichte und Geschichten* des Klett-Verlages von 2008 (Hallo? Das ist jetzt 14 Jahre her, ist denn seither gar nichts passiert? Ist die Geschichte eben eine rauchen?) steht über den NATO-Doppelbeschluss:

Zu einer weiteren Zunahme der Demonstrationen führte der Nato-Doppelbeschluss. Angesichts der Bedrohung Westeuropas durch moderne sowjetische Mittelstreckenraketen fassten die Außen- und Verteidigungsminister der NATO im Dezember 1979 einen doppelten Beschluss: Verhandlungen mit der Sowjetunion über einen beiderseitigen Verzicht auf landgestützte Mittelstreckenraketen und – falls es keine Vereinbarung geben sollte – „Nachrüstung" durch die Aufstellung amerikanischer Mittelstrecken-Flugkörper ab Ende 1983 in Westeuropa.

Puh. 23 Substantive. Nur zwei Punkte und ein Doppelpunkt, die Zeit zum Atmen lassen. Wieso kann man nicht einfach schreiben:

Westeuropa sah sich bedroht. Daher…

Im Sozialkundebuch *Menschen und Politik* des Schroedel-Verlags – ebenfalls von 2008 – steht über das deutsche Wahlsystem:

Die spezifische Konstruktion des personalisierten Verhältniswahlrechts in Deutschland verleitet gerne zu der Fehlinterpretation, es handle sich dabei um ein Mischsystem.

Dasselbe Problem: Zu viele Nomen, dann die Frage: Ist nicht jedes Wahlrecht spezifisch? Warum verleitet es gerne?

Der Westermann-Verlag schreibt im Sozialkunde-Kracher *Saldo – Wirtschaft und Recht* (immerhin aus dem Jahr 2013) über die Bankenkrise von 2007:

Bedingt durch die starke internationale Verflechtung der Finanzmärkte und der Wirtschaft waren die Ursachen für die Entstehung und Entwicklung der Finanz- und Wirtschaftskrise äußerst komplex.

Ah ja.

Wieso quälen wir Kinder- und Jugendliche mit diesem Mumpitz?

Kein Wunder, dass viele von ihnen mittlerweile eine Schere im Kopf haben: Im Unterricht missmutig im Buch blättern – und privat völlig anders schreiben. Nicht umsonst ist das wichtigste Schul-Utensil der Textmarker, mit dem sie nur einzelne Worte oder Halbsätze highlighten können. **Ich behaupte: Der ganze Text sollte so geschrieben sein, dass nur die hervorgehobene Nachricht zählt.** Der Rest ist Gelaber.

Was also braucht ein guter Schul(buch)text?

- eine übersichtliche Gliederung
- viele Absätze
- aktuelles Bildmaterial – keine Münzabbildungen von 1658
- viele kurze Zwischenüberschriften
- Grafiken
- Whitespace
- Zeitleisten
- KISS-Prinzip: Keep it short and simple!

Aber woher soll der gute Stil auch kommen? Schon die Kultusministerien, die über unser Bildungssystem herrschen, formulieren gerne mal Stuss. In der Pandemie wurden diese Schreiben zur wöchentlichen Lachnummer für Eltern. Kleines Beispiel gefällig?

Die sich aus der AV Isolation ergebende Quarantäne für enge Kontaktpersonen kann nach fünf Tagen mit einem negativen Test (Antigen-Schnelltest, durchgeführt durch eine medizinische Fachkraft oder eine vergleichbare, hierfür geschulte Person oder PCR-Test) beendet werden, wenn das Kind keine Covid-19-typischen Symptome hat.

Was ist die AV? Und was ist eine vergleichbare, hierfür geschulte Person? Sind das die Schüler, die nebenher in stillgelegten Clubs nach einer zweistündigen Schulung Nasenabstriche machen? Epidemiologisch macht das sicher Sinn – sprachlich macht es keinen. Es ist unnötig kompliziert und setzt zu viel Wissen voraus.

Oder hier aus einem Schreiben des bayerischen Kultusministeriums von Mai 2021:

Kleine Leistungsnachweise können bedarfsorientiert und mit pädagogischem Augenmaß weiter erbracht werden (in mündlicher und schriftlicher Form), eine Ballung ist aber in jedem Fall zu vermeiden. Hierfür ist eine entsprechende Absprache zwischen den Fachlehrkräften zwingend erforderlich. Die Entscheidung über die Durchführung von kleinen Leistungsnachweisen erfolgt in pädagogischer Verantwortung der jeweiligen Fachlehrkraft.

Will sagen: Die Kinder können Tests schreiben, wenn sich Herr Müller und Frau Maier absprechen. Punkt. Stattdessen fast sieben Zeilen Blabla.

Für wen schreiben diese Leute? Für Eltern (von denen viele noch nicht einmal Deutsch verstehen, geschweige denn Behördendeutsch)? Wie geht es Familien mit Migrationshintergrund, wenn schon Muttersprachler Probleme mit solchen Konstruktionen haben?

Hier ist meiner Meinung nach die größte Sprachbaustelle in unserem Land.

==Unternehmen holen sich Text- und Beratungsprofis, Schulen stehen sprachlich immer noch im Jahr 1980.==

Hin und wieder wird gegendert, da heißt es auch mal Schüler*innen. Ansonsten scheint niemanden zu jucken, ob das, was da geschrieben, gedruckt und gemailt wird, auch irgendwo ankommt und hängenbleibt.

Wer diesen Stil verinnerlicht hat, muss sich später nicht umstellen, wenn er oder sie in den öffentlichen Dienst wechselt. Denn mein nächstes Kapitel beleuchtet die Sprachkatastrophe, die uns alle irgendwann heimsucht:

Betr.: Behördendeutsch

Zu einem guten neuen System gehört ein radikaler Neustart. In der Mathematik werden, wie Thilo Baum völlig richtig anmerkt, niemals ungekürzte Gleichungen stehengelassen. Warum also lassen wir Sätze stehen, die voller Sprach-Firlefanz sind?

Wie geht er, der sprachliche Reset bei uns allen – ob mittelständisches Unternehmen, Großkonzern oder Influencer?

Indem wir uns alle die Frage stellen: Ist das verständlich, oder kann das weg?

Das Motto muss sein: Dümmer schreiben, damit alle klüger werden. Schluss mit Blenderei und Blabla. Nach diesem Prinzip arbeiten Medien schon längst. In einigen Unternehmen und vielen Behörden ist es Zeit, mal kräftig auszumisten, Flyer und Websites zu checken und endlich verständlich zu schreiben.

Großkonzerne geben ohnehin ein Vermögen für externe Beratungen aus. Warum nicht mal ein paar Leute holen, die jede Pressemitteilung, jede CEO-Verlautbarung und jede Intranet-Meldung auf den Kopf stellen? Texter kosten immer noch weniger als Berater. Ich habe schon viele Dutzend Workshops für Firmen gegeben.

==**Am meisten halte ich aber von der Einrichtung eines Text-Coaches, dauerhaft gebucht, um diesen Prozess zu begleiten: Change-Management mal auf die Sprache bezogen.**==

Und das ist schon das ganze Geheimnis guter Texte: Man muss sie wirklich wollen und sich helfen lassen. Es geht nicht um eine technische Schulung, nicht um ein neues Abrechnungssystem, das niemand versteht. Es geht um das, was wir eigentlich alle beherrschen: Verständliches Deutsch.

Warum also weiter an Umständlichem klammern?

Manche Behörden haben schon den Versuch gestartet, bürgerfreundlicher zu schreiben. Aber die sind in der Minderheit. In Deutschland gibt es rund 11 000 Städte und Gemeinden, die offenbar seit Jahrzehnten gut mit ihrer gestelzten Sprachroutine leben. Auch hier könnte die Genderfrage endlich mal frischen Wind wehen lassen. Wenn schon alle Briefe, Mails und Anordnungen auf Political Correctness überprüft werden, warum nicht auch auf Verständlichkeit?

Die Stadt Wiesbaden hat vor 11 Jahren einen sehr konkreten Leitfaden für Bürgerfreundliche Sprache herausgebracht. Mit Schaukästen für Dos und Don'ts, statt *Billigkeitsmaßnahme* heißt es dort *Ratenzahlung*, statt *OwiG* heißt es *Ordnungswidrigkeitengesetz*. Fragt sich, ob das viel besser ist.

Auch das *Bayerische Staatsministerium des Innern* hat einen sehr umfassenden Leitfaden für bürgernahe Sprache in der Verwaltung. Bei der Lektüre fragt man sich aber: Wäre das Geld, das in diese Broschüren fließt, nicht viel besser bei wirklichen, reellen Sprachprofis investiert? Ein kleiner Auszug:

Formulieren Sie kurz und überzeugend. Mit einer möglichst kurzen und überzeugenden Argumentation, die das Anliegen der Bürgerin oder des Bürgers umfassend würdigt, beugen Sie zeitraubenden Rückfragen vor. Ein solcher Text ist bürgerfreundlich und zugleich verständlich und effizient. Gleiches gilt für kurze und klare Formulierungen in einer Rechts- und Verwaltungsvorschrift. Grundregel: So kurz wie möglich, so lang wie notwendig. *Beschränken Sie sich auf das Wesentliche. Lassen Sie Selbstverständliches und Überflüssiges weg. Vermeiden Sie Rückverweisungen, Verdoppelungen und Wiederholungen.*

Vor- und Nachsilben sowie überflüssige Zusammensetzungen verfremden geläufige Wörter zu schwer verständlichen Wortgebilden. Setzen Sie möglichst nicht mehr als drei Wortglieder zusammen; fügen Sie notfalls einen Bindestrich ein, um größere Zusammensetzungen übersichtlicher zu machen. Verzichten Sie auf Modewörter und Superlative. Prüfen Sie bei gesteigerten Eigenschaftswörtern, ob die höchste Steigerungsstufe übertrieben und damit unglaubwürdig wirkt. Verlängern Sie den Text nicht unnötig durch nichtssagende Füllwörter.

Dieser Text kommt zu formell daher. Worte wie *geläufig* und *möglichst* und *notfalls* können weg. Außerdem möchte ich etwas lernen und nicht gesiezt werden.

Auch das *Sozialministerium Baden-Württemberg* siezt sein Personal offenbar, sieht aber immerhin ein: Unsere Texte müssen einfacher werden!

In *Handbuch bürgernahe Verwaltungssprache* von 2002 (!) stehen konkrete Anleitungen.

Verwenden Sie geläufige, eindeutige, kurzer Wörter

Verzichten sie auf Modewörter, Sinndoppelungen und Superlative....

Gefährden Sie die Verständlichkeit nicht durch Abkürzungen und Fremdwörter

Bezeichnen Sie Gleiches immer mit dem gleichen sprachlichen Ausdruck

Bilden Sie keine Substantivketten...

Verdrängen Sie Verben nicht durch Substantive

Finden sie die angemessene Satzlänge

Schachteln Sie nicht zu viele Sätze ineinander

Versuchen Sie, Abstraktes durch Beispiele anschaulich zu machen

Beschränken Sie sich auf das Wesentliche

Gelesen hat dieses Handbuch – das sicherlich von einer ganzen Arbeitsgruppe geschrieben wurde – offenkundig kaum jemand in 20 Jahren. Ich behaupte:

==Müssten Ämter in der freien Wirtschaft überleben, würden sie sich ganz schnell um bessere Sprache bemühen.==

Schon die Schilder, die den öffentlichen Bereich zieren, sind eine Zumutung: An der Ampel in München-Schwabing steht

Fußgänger

Grünlicht

anfordern

Genau so, in drei Zeilen. In viele Hauseingängen prangt das Schild

Hinterstellte Fahrräder

werden entfernt

Puh. Von wem denn? Und hinter wem oder was stehen die?

Das ist so fernab von jeder Realität, dass es schon wieder lustig ist.

==Wie ich mir die Hölle vorstelle? In einer Endlosschlaufe aus Briefwechseln mit Behörden gefangen zu sein.==

Dann niemanden ans Telefon zu kriegen und die Hälfte aller Aufforderungen nicht verstehen – und das bis in alle Unendlichkeit. Daher habe ich diesem Bereich ein eigenes großes Kapitel gewidmet.

Wer kennt sie nicht, die Schreiben vom Amt mit nebulöser Kernaussage? Die absurden Beschilderungen, die von Sprinkleranlagen faseln? Lustigerweise sind unsere Verkehrsschilder genauso, wie die Sprache sein sollte: Auf den Punkt, sofort für alle verständlich.

Im öffentlichen Leben in Deutschland gibt es aber immer noch viel zu viele komplizierte Sätze. Voll mit Substantiven, die keiner versteht, geschrieben in einem unfreundlichen Ton. Der öffentliche Dienst ist 2023 in weiten Teilen eben kein Dienst *für* die Öffentlichkeit, sondern ein Hin-und-Hergeschicke komplizierter Texte zwischen Eingeweihten. Was die Sprache angeht, sind wir Bürger*innen hier nicht Kunden, sondern Opfer.

Finanzamt, Gewerbeaufsichtsamt, Kreisverwaltungsreferat –

==Es ist ein Trauerspiel, wie Behörden sprachlich mit Menschen umgehen, die sie mit ihren Steuergeldern bezahlen.==

Betreibe ich hier Beamten-Bashing? Sprachlich schon.

Jeder von uns kennt das klamme Gefühl, einen gräulich-weißen Umschlag aus dem Briefkasten zu ziehen. Will wieder jemand Geld? Kommt eine Strompreiserhöhung? In der Regel kommt eine. Das Problem ist aber oft: Man versteht nichts. Verklausulierter Schwachsinn ist übers Papier gestreut, Hauptsache, die Vorgangs-Nummer auf dem Briefkopf stimmt. Unser Land wird so verwaltet, dass ein großer Teil der Verwalteten gar nichts versteht. **Behördendeutsch ist ein Soziolekt, der diejenigen ausschließt, um die es eigentlich geht: Die Menschen.**

Wie der SPIEGEL im April berichtet, wollen die Bundesministerien 700 neue Stellen schaffen. 700! Ein sparsamer, lösungsorientierter Stil sieht anders aus. Vielleicht sind in diesen neuen Jobs aber wenigstens ein paar Leute dabei, die sich mit guter Sprache auskennen? Zeit wär's.

Bei Wikipedia gibt es einen eigenen Eintrag zu **Verwaltungssprache:**

> *Verwaltungssprache bzw. Behördensprache (umgangssprachlich auch Beamtendeutsch) bezeichnet außerdem eine sehr förmliche Ausdrucksweise, wie sie häufig im Schriftverkehr von Behörden, Parlamenten und Verwaltungen (z.B. im Justizwesen, bei Finanz- und Sozialämtern, aber auch bei der Post oder der Bahn), aber*

> auch in vielen Privatunternehmen üblich ist. Der Duden nutzt den Ausdruck Amtsdeutsch, wobei auch der Begriff Papierdeutsch verwendet wird, wobei große Überschneidungen zur juristischen Fachsprache üblich sind.
>
> Natürlich gibt's auch eine offizielle Definition von Beamtendeutsch:
>
> Gespreizte, umständliche, unanschauliche Ausdrucksweise, wie sie oft formelhaft in Ämtern verwendet wird.
>
> Bezogen auf den Sprachstil wird Papierdeutsch wie folgt beschrieben: trocken, unlebendig, steif (im Stil, Ausdruck).
>
> – Duden.de

Das größte Problem an Behördendeutsch ist zunächst ein juristisches: Der Stil ist auf Genauigkeit und rechtssichere Formulierungen bedacht, und die Formulierungen wandern oft direkt aus der Verordnung in die Kommunikation. Und dort versteht sie keiner.

Mein Freund hat ein Restaurant und soeben – nach monatelanger Bearbeitungszeit des Antrags – ein Schreiben bekommen, dass er endlich seinen Biergarten in einer Parkbucht installieren darf (so wie die meisten seiner Kolleg*innen seit zwei Jahren). Die sogenannten Schanigärten sind in Pandemiezeiten überall entstanden. Da die Polizei und Behördenmitarbeiter regelmäßig alles überprüfen, achten die meisten Gastwirte empfindlich genau auf die Umsetzung dieser Anweisungen. Gar nicht so leicht, wenn jedes Schreiben aus vielen, vielen Seiten in bestem Amtsdeutsch besteht. Hier kommt eine Kostprobe aus einem Standardschreiben an Gastwirte mit genauen Anleitungen: So baust Du Deinen Biergarten auf:

Die Freischankfläche ist im Bereich der Fahrbahn bzw. des Seitenstreifens lückenlos mit leicht verrückbaren, nicht fest verankerten geeigneten verkehrssicheren Absperrmaterialien gesichert. Die verkehrsrechtliche Anordnung erfolgt auf Grundlage des Regelplans analog zur Absicherung von Arbeits-/Baustellen. Zur Fahrbahn muss ein Sicherheitsabstand von 0,5 m eingehalten werden.

Warum steht da nicht eine schlichte Aufforderung: *Bitte sichern Sie ihre Freischankfläche mit…*

Warum steht da nicht: *Bei dieser Anordnung orientieren wir uns an der allgemein geltenden Absicherung von Arbeits-/Baustellen.*

Warum dieses neutrale „muss ein Sicherheitsabstand eingehalten werden"? Warum nicht: *Bitte halten sie einen Sicherheitsabstand ein?*

Und weiter:

Sofern der Seitenstreifen bzw. der Parkstreifen durch eine Markierung oder baulich gegenüber der Fahrbahn abgehoben ist, ist das Absicherungs- bzw. Absperrmaterial vollständig innerhalb der so markierten Parkflächen aufzustellen.

Verstanden? Ich auch nicht. Auch hier würden einfach gehaltene, personalisierte Aufforderungen genügen. An wen schreiben die Leute? An Wirte und Wirtinnen – nicht an Juristen oder Verwalter. Und wer sind die Behörden? Das sind auch Menschen. Warum also haben wir aus der Mensch-zu-Mensch-Kommunikation eine so graue, öde, unverständliche Masse Sprachmüll gemacht?

==**Auch verständliche Texte können juristisch korrekt sein. Aber juristisch korrekte Texte müssen nicht unverständlich sein.**==

Strenggenommen müssten Gastronomen bei solchen Schreiben mit einem Straßenvermessungsgerät und einem Juristen loslaufen, um einen Biergarten aufzustellen.

Hier noch ein paar Beispiele für gruseliges Behördendeutsch:

- Fußgängerüberweg = Zebrastreifen
- Lichtzeichenanlage = Ampel
- Beelterung = Pflegefamilie vermitteln
- Lautraum = Diskothek
- Grundstücksentwässerungsanlage = Regenrinne

Die DSGVO, die Datenschutz-Grundverordnung, seit Mail 2018 in Kraft, ist auch so ein Begriffs-Monster. Auf der ersten Seite der Homepage finden wir diesen Satz:

Für die Verarbeitung personenbezogener Daten durch die Organe, Einrichtungen, Ämter und Agenturen der Union gilt die Verordnung (EG) Nr. 45/2001. Die Verordnung (EG) Nr. 45/2001 und sonstige Rechtsakte der Union, die diese Verarbeitung personenbezogener Daten regeln, werden im Einklang mit Artikel 98 an die Grundsätze und Vorschriften der vorliegenden Verordnung angepasst.

Was soll das? Das müssen doch Hunderttausende Selbständige verstehen und umsetzen – wieso ist es nicht möglich, hier ein paar normale Sätze zu schreiben und keinen juristisch wasserdichten Vertragstext?

Kürzlich spendete ich bei einem Schullauf meiner Kinder 25 Euro und zog einen Brief mit diesem Wortlaut aus meinem Briefkasten:

Bestätigung über Geldzuwendungen im Sinne des § 10b des Einkommensteuergesetzes an eine der in § 5 Abs. 1 Nr. 9 des Körperschaftssteuergesetzes bezeichneten Körperschaften, Personenvereinigungen oder Vermögensmassen.

==Viele Amtsschreiben gehören ins Altpapier. Leute, langweilt die Bürgerinnen und Bürger doch nicht mit Euren Gesetzesklauseln!==

Einige Banken haben im Frühjahr die Kundschaft aufgefordert, ihr Einverständnis zu den Rahmenbedingungen anzupassen. Für meine beiden Kinder bekam ich nicht *einen* (denn wir leben ja an derselben Adresse...), nein, *zwei* DIN-A-4-Briefumschläge mit *je* 143 Seiten (!) mit den neuen Geschäftsbedingungen. Das ist so dreist, dass es wieder witzig ist.

Warum nicht nur *ein* Schreiben? Das spart Zeit, Geld und Papier?

Warum einen Vertrag mitschicken, der so umfangreich ist wie ein internationales Abkommen über Binnengewässer? Wer liest sowas und legt es nicht sofort ins Altpapier?

Auch hier geht wieder Rechtssicherheit vor Bürgerfreundlichkeit. Lieber sichergehen, dass nichts justiziabel ist. Verständlichkeit? Wen juckt's?

Meine Vorschläge:

- *Verben nutzen*
- *Substantive meiden*
- *Nominalmonster umwandeln*
- *kein Juristendeutsch*
- *Begriffe verwenden, die alle kennen und verstehen*
- *Sätze vereinfachen*
- *keine Fachbegriffe*
- *freundlich bleiben*

Um auf das Beispiel von der Freischankfläche von oben zurückzukommen: Zum einen könnten die Verwaltungen das Ding Bier- oder Schanigarten nennen. Denn genauso nennen es alle Leute, die darinsitzen und alle, die es betreiben. Schon die Entscheidung ein anderes Wort als die Bevölkerung zu nutzen, sagt: Wir sind besser als ihr.

Also, zurück zu unserem Biergarten, der wie folgt abzusperren ist:

Sofern der Seitenstreifen bzw. der Parkstreifen durch eine Markierung oder baulich gegenüber der Fahrbahn abgehoben ist, ist das Absicherungs- bzw. Absperrmaterial vollständig innerhalb der so markierten Parkflächen aufzustellen.

Hier könnten wir einfach umformulieren:

Ist der Parkstreifen markiert oder erhöht, stellen sie die Absperrung bitte innerhalb der Fläche auf.

Ich habe nur noch die drei Nomen stehenlassen, die wir brauchen. Den Rest habe ich in einem kurzen Hauptsatz und einem kurzen Nebensatz zusammengefasst.

Angenommen, wir lassen die ganze Vorsicht-vor-der-Justiz-Klauseln weg, dann haben wir hier eine Aufforderung, die jeder Gastronom versteht – egal, ob er oder sie einen Laden für vietnamesische Phos betreibt oder einen syrischen Falafel-Imbiss.

Ein anderes Problem ist der Tonfall: Wie Thilo Baum in seinen Büchern völlig richtig anmerkt, wäre hier ein freundlicherer Umgangston absolut angemessen. Wir bezahlen diese Menschen – und bekommen Anordnungen und Ermahnungen und Bescheide in einem derart ruppigen und zweckmäßigen Ton, dass wir nach jedem Schreiben eine Therapiestunde bräuchten.

Schön wäre doch ein *Danke*. Denn die Leute, die in Deutschland Cafés, Bars und Restaurants betreiben, zahlen viel Steuern, werden oft von Behörden gegängelt und müssen eigenverantwortlich für ihren Lebensabend sorgen.

Viele Gastronomen werden mit Schreiben dieser Art überschüttet. Vielleicht sind sie nicht so gemeint. Aber bei den Empfängerinnen und Empfängern kommt oft nur an: Mit Euch Typen haben wir nur Scherereien. Darum machen wir Euch das Leben mit Verordnungen und Regeln zur Hölle, die Ihr niemals versteht, aber umsetzen sollt.

Wer das zum Schreien findet, dem sei der Comedian Daniel Ryan Spaulding empfohlen. Auf Instagram macht sich der in Berlin lebende Kanadier über Deutsche Behördensperrigkeit lustig. Sei es ein Überweisungsschein für den Arzt oder eine Krankenkassenkarte, mit der Fremden das Leben hier so kompliziert wie möglich gemacht wird. Dass viele Behörden noch mit Faxgeräten arbeiten, sagt viel über die Texte aus.

Thilo Baum fordert hier völlig zu Recht:

Der Bürger ist nicht länger der Untertan, der staatlichen Regeln gerecht werden muss, sondern der Staat ist ab sofort der Dienstleister, der dem Bürger das Leben erleichtert.

Staatliche Akteure sollten verstehen, dass Steuerzahler ihnen das Leben bezahlen. Der Bürger und Steuerzahler ist der Arbeitgeber des Beamten und des Angestellten im öffentlichen Dienst. (...) Eine Gesellschaft aber, in der eine unproduktive Minderheit von den Steuern einer produktiven Mehrheit lebt – und genau das ist unsolidarisch – wird früher oder später kollabieren.

Ich habe mit einer Gruppe Eltern während der Schulschließungen ein paar Demos vorm Kultusministerium organisiert. Das waren genehmigte Veranstaltungen, während derer wir für bessere Bildung geworben haben. Die Genehmigung kam oft am Tag selbst und musste mit den Polizeikräften vor Ort noch einmal durchgesprochen werden. Betreutes Lesen also. Vielleicht wäre es sinnvoll, so etwas öfter zu machen.

Ich könnte hier endlos weiterschreiben, denn Behördendeutsch regt mich maßlos auf. Nicht nur weil es kompliziert und abgehoben ist, nicht nur, weil kein Mensch so spricht. Sondern auch, weil hier in weiten Teilen einfach nichts passiert. Anders als in der freien Wirtschaft muss niemand besser werden, niemand um seinen Arbeitsplatz bangen, weil die Kund*innen da draußen sich abwenden und der Laden irgendwann hopps geht. Niemand kann sich von einem Amt abwenden.

Keine Sparte hätte sprachliche Verbesserungen so nötig und keine Sparte sieht das so wenig ein.

> Können es die Behörden nicht besser? Ich behaupte: Sie wollen gar nicht. Es klappt ja auch so.

Hin und wieder gibt es intern sicher eine lustlose Befragung zur Kundenfreundlichkeit (plötzlich ist man Kunde oder Kundin). Dann werden ein paar Dinge geändert, und zack, geht's wieder zurück in die lauwarm-miefige Pantoffel-Komfortzone schlechter Sprache. Thilo Baum schreibt hierzu:

Und ein entscheidender Punkt, ob sich gute Leute in ihrem Unternehmen wohlfühlen oder nicht, ist die Kommunikation. Die Sprache. Verdammen Sie Ihre Leute zu einer technokratischen Plastiksprache, über die Ihr Unternehmen eigentlich nie gründlich nachgedacht hat? Unterliegen Sie dem Denkfehler, dass Sie als Steuerberatungskanzlei mit ihren Mandanten förmlich kommunizieren müssten? Darum geht es. Ich denke: Zahlreiche Menschen heute wollen das Formelle nicht mehr. Sie wollen keine Schizophrenie mehr spüren zwischen Arbeitsplatz und Privatleben.

Immerhin: Viele Versicherungen haben das schon gemerkt und sich eine Sprache angewöhnt, die die Menschen wirklich erreicht. Das mag an dem neuen Druck liegen, sich dem Content da draußen anzupassen. Die Unternehmensbotschaft muss schnell und klar raus, keine Zeit für Blabla. Alles ist digital – und es muss viel schneller gehen.

Ich hoffe, der Vibe, der aus dieser Welt kommt, reicht bald bis in alle Amtsstuben.

==Förmliche Sprache ist überflüssig – es sei denn, Sie wollen die Menschen da draußen bevormunden und verwirren.==

Thilo Baum behauptet, und ich gehe da mit (um eine Business-Floskel zu verwenden):

Sowohl die Chefetage als auch die Arbeiter am Fließband reden Klartext. Das Geschwurbel scheint eine Sache des mittleren Managements und des Innendienstes zu sein. Ich kenne kaum Vertriebsleute, die im Auto und im Hotel leben und sich unklar ausdrücken. …Aber zum Verschachteln und zum Literarischen neigt der klassische Vertriebler tendenziell weniger als Menschen mit Bürostuhl und Hochschulabschluss, deren Hintergrund das Bildungsbürgertum ist.

Sprache soll also funktionieren, doch davon sind wir, was Ämter angeht, leider noch Lichtjahre entfernt.

Kleine und mittelständische Firmen, ja selbst große Konzerne sind in der Regel flexibler, agiler, können sich an neue Trends anpassen – ohne Verordnungen, Gesetze und Schwerfälligkeit. Sie können dieses Erdbeben nutzen, das gerade Wirtschaft und Gesellschaft erschüttert. Die Unternehmenskommunikation zu verbessern, dauert nicht lange und geht auch ohne Profis von außen. Es geht nicht darum, mehr zu schreiben, sondern weniger, klarer und besser.

Zum Schluss

Überall da, wo Menschen mit Menschen kommunizieren, ist Business. In jedem Business sind gute Texte gefragt. Und die sind klar, verständlich und schließen alle ein. Egal, ob Geschichte in der 8c oder die Homepage eines Möbelhauses, der Twitter-Account eines DAX-Konzerns oder die Insta-Caption eines Promis: Wir alle sollten es wagen und unsere Sprache radikal vereinfachen. Nie gab es einen besseren Zeitpunkt als jetzt, da sowieso alles auf dem Prüfstand ist.

Die Medien müssen hier mit gutem Beispiel vorangehen und aufhören, uns alle für Wissenschaftler*innen zu halten. Das Bildungswesen braucht mal einen Knall, damit ein bisschen Leben in die Bücher kommt. **Denn die Kinder von heute lernen den Bullshit von morgen.**

==Sprache ist Spiel. Texte atmen, sie bewegen sich – und sind nie richtig fertig.==

Auch ich würde manche meiner Blogbeiträge heute sicherlich anders schreiben. Aber genau das macht lebendige Sprache aus: Sie verändert sich, geht mit der Zeit. Die Einstiegshürde, sich mit ihr zu beschäftigen, darf nicht zu hoch sein. Nicht alle Bubbles können mit jedem Text restlos zufriedengestellt werden. Aber, wenn wir alle ein Bewusstsein dafür haben, dass wir für Menschen schreiben, nicht für Stereotype, dann kann uns das gelingen: Zu schreiben, was ist.

Literatur/Quellen

Daniela Rorig – Texten können, Rheinwerk 2020
Christine Olderdissen – Genderleicht, Duden Verlag 2022
Richard David Precht – Freiheit für alle. Das Ende der Arbeit, wie wir sie kannten, Goldmann 2022.
Thilo Baum – Komm zum Punkt! Relevanz 2016
Thilo Baum – Schluss mit förmlich! Relevanz 2019
Thomas Pyczak – Tell Me, Rheinwerk 2020
Detlef Krause – Webtexten für Nicht-Texter, eBook, ePub 2017
Jörg Heiden – Sale, Verkaufen mit Worten, 2018
Jens Bergman – Business Bullshit, Duden Verlag 2021
Jesse Peterson – Das Rhetorik-Buch für Anfänger, Eigenverlag 2021
Anna Gelbert – #perfektetexte, Vahlen, 2020
Monika Scheddin – Connection, Marie von Mallwitz Verlag 2021
Mirco Hillmann – Das 1x1 der Unternehmenskommunikation. Springer Gabler 2017
Mensch und Politik – Dr. Florian Hartleb, Christian Raps, Prof. Dr. Gerd Strohmeier. Westermann, Schroedel, Diesterweg, 2008.
Geschichte und Geschichten – Ludwig Bernlochner, Claus Gigl, Sepp Memminger, Michael Salbaum, Ulrike Salbaum, Hans Steidle, Klaus Sturm, Dorothee Wege, Ernst Klett Verlag 2008
Saldo – Wirtschaft und Recht, Westermann 2013.
Sagen, was ist – DER SPIEGEL
Elevator Pitch: Die Kunst, in 60 Sekunden zu begeistern (hubspot.de)
Anzüge: Wer zieht sich das noch an? | ZEIT ONLINE
10 Merkmale guten Unterrichts (uni-frankfurt.de)
Gendersprache ⇒ Ist Gendern Pflicht? Was sagt das Gesetz? (juraforum.de)
Große Mehrheit laut Umfrage gegen Gendersprache (faz.net)
PR-Erfinder Bernays – DER SPIEGEL
Sparpotenzial: Das Ende der Bordmagazine – aeroTELEGRAPH
Lauterbachs Corona-Politik: Ein aberwitziges Durcheinander (faz.net)

Bullshitting: Erfahren Sie, warum das nichts Schlimmes ist (psychologie-heute.de)
Beamtendeutsch verstehen: So spricht die Bürokratie (berlitz.com)
Inklusive Sprache – absolutes Muss in Stellenanzeigen | GoodJobs
Power-Kommunikation für Business-Frauen – herCAREER (her-career.com)
Microsoft Word – Bürgernahe_Verwaltungssprache_2.doc (bund.de)
2011-03-24-Klartext.pdf (wiesbaden.de)
broschuere_freundlich_korrekt.pdf (uni-wuerzburg.de)
Leichte Sprache in der Verwaltung – Eine Handreichung für Verwaltungen in Baden-Württemberg (baden-wuerttemberg.de)
Zu wenig Twitter-Likes: Deutsche Bahn schickt keinen Sonderzug für Eintracht-Fans nach Sevilla – Sportbuzzer.de
New Work: Frederic Laloux über den Sinn von Arbeit – Wirtschaft – SZ.de (sueddeutsche.de)
Storytelling in der Unternehmenskommunikation | AH Akademie für Fortbildung Heidelberg GmbH (akademie-heidelberg.de)
Storytelling in der internen Kommunikation (interne-kommunikation.net)
Storytelling: Die erfolgreichsten Storytelling-Kampagnen (marketinginstitut.biz)
BMFSFJ – Gesetz zur Neuregelung des Mutterschutzrechts
Europa | Premium Speakers (premium-speakers.com)
Was ist ein KEYNOTE SPEAKER? | Warum brauche ich einen Speaker? – YouTube
Von Obama bis Dirk Kreuter: Das Geschäft der Keynote-Speaker (handelsblatt.com)
t3n – digital pioneers | Das Magazin für digitales Business
Erfolgreich als Keynotespeaker: So hältst du eine perfekte Keynote (greator.com)
Top Fundamentals Of Business And Life | Gary Vaynerchuk Keynote – YouTube
Why You Need to Make EVEN MORE Content in 2022 – YouTube
Klage: Gericht beschäftigt sich mit Gendersprache-Leitfaden von Audi (handelsblatt.com)
Presse – #proparents (proparentsinitiative.de)
Ampel-Regierung plant Verkleinerung des Bundestags auf höchstens 598 Abgeordnete – n-tv.de

Bundesregierung: Bundesministerien wollen offenbar mehr als 700 neue Stellen schaffen – DER SPIEGEL

Datenschutz-Grundverordnung: DSGVO als übersichtliche Seite (dsgvo-gesetz.de)

Rekordverdächtiger Kampagnenstart für Boss und Hugo – Reichweite mit fast 2 … | Presseportal

Besuch bei Audi Neckarsulm: Ministerpräsident Winfried Kretschmann trifft Markus Duesmann | Audi MediaCenter (audi-mediacenter.com)

96 MEB-Zellmodule wiederverwendet: Volkswagen Sachsen koppelt Schnellladepark mit Mega-Powerbank | Volkswagen Newsroom (volkswagen-newsroom.com)

Robert Habeck und Co.: Wie Grüne sprechen – Jeder Satz ein Selfie – WELT

Sprache von Robert Habeck: Wie lerne ich reden wie Robert Habeck? | ZEIT ONLINE

Warum Baerbock und Habeck oft anders sprechen als andere Politiker – SWR2

Diese Berlinerin sorgt dafür, dass Amtsdeutsch verständlicher wird – B.Z. – Die Stimme Berlins (bz-berlin.de)

Urteil zur gender-sensiblen Sprache bei Audi – Klage abgewiesen | BR24

So werden Ihre Artikel auch gelesen: 8 Profi-Tipps für optimale Headlines! (djd.de)

Headline schreiben in 5 Schritten: Anleitung vom Profi (content-code.de)

https://www.sortlist.de/blog/storytelling-kommunikation/